工 数 笔 谈

谢绪恺 编著

东北大学出版社

·沈 阳·

ⓒ 谢绪恺　2018

图书在版编目（CIP）数据

工数笔谈 / 谢绪恺编著. —沈阳：东北大学出版社，2018.12
　ISBN 978-7-5517-2067-0

　Ⅰ.①工… Ⅱ.①谢… Ⅲ.①工程数学　Ⅳ.①TB11

中国版本图书馆 CIP 数据核字（2018）第 287785 号

出　版　者：东北大学出版社
　　　　　　地址：沈阳市和平区文化路三号巷 11 号
　　　　　　邮编：110819
　　　　　　电话：024-83687331（市场部）　83680267（社务部）
　　　　　　传真：024-83680180（市场部）　83680265（社务部）
　　　　　　网址：http://www.neupress.com
　　　　　　E-mail：neuph@neupress.com
印　刷　者：沈阳市第二市政建设工程公司印刷厂
发　行　者：东北大学出版社
幅面尺寸：170 mm×240 mm
印　　张：13.25
字　　数：252
出版时间：2018 年 12 月第 1 版
印刷时间：2018 年 12 月第 1 次印刷
责任编辑：向　阳　孙　锋
责任校对：刘乃义　邱　静
封面设计：潘正一
责任出版：唐敏志

ISBN 978-7-5517-2067-0　　　　　　　　　　定　价：48.00 元

序　言

该讲的话，已经在《高数笔谈》的前言中一吐无遗，本无言可说。可是，念想着工程数学毕竟并非高等数学，只得再补充两点。

第一，工程数学比较难学，为帮助初学者易于理解，方便记忆，更需时刻联系实际，不免存在牵强附会之处，务请指正。

第二，某些概念比较抽象，初看之后，只能见其"一斑"，为让读者能窥其"全貌"，只好不厌其烦，反复重述，不免存在啰嗦絮聒之处，敬希赐示。

在编写本书过程中，笔者不断得到东北大学蒋仲乐教授的关怀和帮助，对此表示衷心的感谢。同时，上海交通大学胡毓达教授、东北大学王贞祥教授、淮阴工学院盖如栋教授、东北大学外聘王殿辉教授对本书提出了一系列宝贵的意见，笔者一并深致谢意。

在编写本书过程中，笔者常怀"士为知己，女为悦己"之心，一是归之于东北大学出版社的倾力相扶，当然也有作为老教师理应为莘莘学子奉献余力的心愿。而本书能如期杀青并与读者见面，又应归功于向阳副社长、王钰慧副编审和刘乃义编辑，笔者在其长期、全方位的帮助下，坐收事半功倍之硕果。

最后，敬盼翻阅过本书的学者学子多提意见，甚至批评，这才是给予笔者最实惠的赠品，将大大有利于笔者今后的写作。

编著者

2018年7月

《高数笔谈》前言

从1950年我走上高等学校讲台，到2005年走下讲台，屈指算来，整整55年。年复一年，高等数学我不知教过多少遍，还编写过讲义，出版过教材。

偶然翻阅一本高等数学教材，令我十分惊诧，自己对其中的许多理论证明虽似曾相识，却已茫然。联想教过的学生，他（她）们还能留存几许？作为老师，总觉不安。

原因是多方面的，主要在于：我国现行的高等数学教材品种单一，且偏重演绎推理，很难兼顾工科学生的特点。因此，常事倍而功半。有鉴于此，为了安心，竟不自量力，决定写本高等数学参考资料，其主旨是"数学问题工程化，工程问题数学化"。直白地说，就是使工科数学通俗化，接地气，成为"下里巴人"。所以，本书多是树根，少有枝蔓，不分开闭区间，罔视左右导数，用到的函数不但连续，而且光滑，如此等等。目的是避免工科读者误入歧途，以便早日登堂入室。

本书第一步是希望读者知晓工科数学主要内容的实际含义是什么；第二步是启发读者去怀疑并思考这是为什么；第三步是盼望读者敢为人先做点什么。坦诚地讲，笔者也正在前行，三步并未走全，愿与大家共勉！

在本书的编写过程中，笔者不断得到东北大学杨佩祯教授的关怀和支持，对此表示衷心的感谢。同时，北京航空航天大学李心灿教授、哈尔滨工业大学吴从炘教授、东北大学张国范教授对书中部分章节提出了许多宝贵意见，笔者对此一并深致谢意。

本书得以出版，除了东北大学张庆灵教授、天津大学张国山教授的帮助外，东北大学出版社的向阳副社长应该是功不可没的。因此，希望读者看过本书之后，多提修改意见，促使笔者不断前进，以免辜负本书所有参与者的期望。

编著者
2016年10月

目　录

第1章　傅里叶级数

走路要寻捷径，解题也是如此。一是想将复杂问题简单化，二是想将所有问题标准化。大家已经学过的泰勒级数

$$f(t) = \sum_{k=0}^{\infty} \frac{f^{(k)}(t_0)}{k!}(t-t_0)^k$$

$$= f(t_0) + f'(t_0)(t-t_0) + \frac{f''(t_0)}{2!}(t-t_0)^2 +$$

$$\cdots + \frac{f^{(k)}(t_0)}{k!}(t-t_0)^k + \cdots$$

把一个复杂的函数 $f(t)$ 标准化为由幂函数 t^k 所组成的级数，两者兼而有之，十分完美，便是一个很好的例子。

无独有偶，另一级数——傅里叶级数与之异曲同工，且后来居上，把一个复杂的周期函数 $f(t)$ 标准化为由三角函数 $\sin n\omega t$ 和 $\cos n\omega t$ 所组成的级数

$$f(t) = \frac{a_0}{2} + \sum_{n=1}^{\infty}(a_n \cos n\omega t + b_n \sin n\omega t)$$

此级数的理论价值暂且不论，只要意识到，所有的波，不管是声波、光波、电波都能用三角函数 $\cos n\omega t$ 和 $\sin n\omega t$ 来表述，便可窥知其在科技领域的应用是异常广泛的。这就是本书即将对其进一步讨论的原因。

1.1　概述

设有函数 $y = x(t)$，其导数

$$\dot{x}(t) = f(t)$$

试求 $x(t)$。这并不难，根据上式直接可得

$$x(t) = \int f(t)\mathrm{d}t$$

即 $\dot{x}(t)$ 的原函数。据此可知，对不同的函数 $f(t)$，将取不同的积分，不仅费事，且多数积分是无法进行到底的。能否想点其他办法呢？

① 将上式中的函数 $f(t)$ 展成泰勒级数，则在任何情况下，至少能得到函数 $x(t)$ 的泰勒级数表达式。

② 将函数 $f(t)$ 展成傅里叶级数，则得到 $x(t)$ 的傅里叶级数表达式。

③ 试问，函数 $f(t)$ 还有无其他表达方式？回想一下，在求函数 $f(t)$ 的定积分时，是否见到过如图 1-1 所示图形？

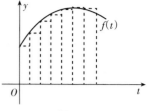

图 1-1

从图 1-1 可见，函数 $f(t)$ 已转变成一系列细长小矩形之和。这当然是近似的，详情在定积分中讲过，不再重复。但由此不难得到启示：函数 $f(t)$ 能转变成一系列小矩形之和，自然也能转变成其他小几何图形之和。

下面将函数 $f(t)$ 转变成一系列小三角形之和，如图 1-2 所示。此外，还有无其他可能？读者不妨一试。如有兴趣，可就图 1-2 求函数 $f(t)$ 的定积分，这是个值得思考的练习。

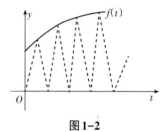

图 1-2

综上所述，很容易作出判断：函数 $f(t)$ 的表达方式可谓无穷无尽！究竟选用哪种，当然得视具体情况而定。

开始时，给出了方程

$$\dot{x}(t) = f(t)$$

欲求函数 $f(t)$ 的原函数 $x(t)$。事实上，是想解决更一般的问题。例如，求下述微分方程

$$2\frac{\mathrm{d}^3 x}{\mathrm{d}t^3} + 3\frac{\mathrm{d}^2 x}{\mathrm{d}t^2} + \frac{\mathrm{d}x}{\mathrm{d}t} = f(t)$$

的解。在这种情况下，经过分析就会明白，宜将函数 $f(t)$ 展成傅里叶级数。其中缘由，看完下面的例子便知端倪。

易知，方程

$$\dot{x}(t) = \sin t$$

的解为 $x(t) = -\cos t + c$，式中 c 是个常数。据此，通过简单运算，则可得出方程

$$\dot{x}(t) = a_n \sin nt$$

的解为 $x(t) = -\dfrac{a_n}{n}\cos nt + c$。当然，这样的解说并非全面的。

1.2　傅里叶级数

傅里叶经过多年精心研究，于1811年向法国科学院呈交了一篇论文，证实任何的周期函数都可展成由一系列的三角函数组成的级数，现称傅里叶级数。对此，分两种情况阐述如下。

1.2.1　周期等于 2π

在中学读书时学过，$\sin t$ 和 $\cos t$ 都是周期等于 2π 的三角函数。$\sin nt$ 和 $\cos nt$ 都是周期等于 $\dfrac{2\pi}{n}$ 的函数，不过说它们的周期等于 2π 也不为过。这一点，正如图1-3所示。正弦函数是奇函数，而余弦函数是偶函数。此外，它们还具有一项重要的属性：相互正交。

何谓正交？最初是指两条直线，若其间的夹角等于直角，则称两者相互垂直，也称相互正交。现时常用的坐标系，因坐标轴相互垂直，而称为正交坐标系，如图1-4所示。

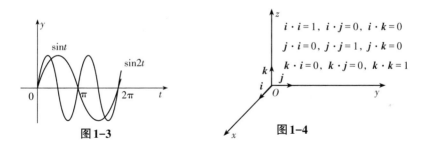

图1-3　　　　　　　　　　图1-4

从图1-4可见，两个向量，如 i，j 或 k，其间的夹角等于直角，即二者的数量积等于零，同样称为相互正交。事后，相互正交的概念被推广到函数。设有两个函数 $f(t)$ 和 $g(t)$，其乘积 $f(t)\cdot g(t)$ 在一特定区间 $[0，L]$ 上的积分等于零，即

$$\int_0^L f(t)\cdot g(t)\mathrm{d}t = 0 \tag{1-1}$$

则称函数 $f(t)$ 和 $g(t)$ 相互正交，而式（1-1）则暗寓函数 $f(t)$ 和 $g(t)$ 为"向量"，而其乘积的积分为两者的数量积。关于此，在第3章还要深谈。

上文提出，正弦函数和余弦函数具有"相互正交"的属性，果真如此？现在有了标准，正好看个明白，而经过计算，一下子就证实了等式（1-2）至等式（1-4）：

$$\int_0^{2\pi} \sin nt \cdot \cos mt\, \mathrm{d}t = 0 \tag{1-2}$$

$$\int_0^{2\pi} \sin nt \cdot \sin mt \, \mathrm{d}t = \begin{cases} 0, & \text{当} n = m = 0 \text{时} \\ \pi, & \text{当} n = m > 0 \text{时} \\ 0, & \text{当} n \neq m \text{时} \end{cases} \tag{1-3}$$

$$\int_0^{2\pi} \cos nt \cdot \cos mt \, \mathrm{d}t = \begin{cases} 2\pi, & \text{当} n = m = 0 \text{时} \\ \pi, & \text{当} n = m > 0 \text{时} \\ 0, & \text{当} n \neq m \text{时} \end{cases} \tag{1-4}$$

式中 n 和 m 是等于或大于零的整数。

上文说过，函数可视作向量，其乘积的积分可视作两个函数的数量积。依此，将式（1-2）、式（1-3）、式（1-4）逐一同式（1-1）对比，不难确定：正弦函数系列 $\sin nt$ 和余弦函数系列 $\cos mt$（n 和 m 的意义同上）合起来的整个函数系列是相互正交的，也就是说，构成了一个正交函数系。其含义深远，现择要叙述如下。

众所周知，单位向量 i，j，k 构成了一个正交系。因此，任何一个三维向量 a 都可用 i，j，k 表示为

$$a = a_1 i + a_2 j + a_3 k \tag{1-5}$$

且

$$a_1 = a \cdot i, \quad a_2 = a \cdot j, \quad a_3 = a \cdot k \tag{1-6}$$

借助等式（1-5）和（1-6），并联想到函数 $f(t)$ 也可视作向量，加之由正弦函数系列与余弦函数系列合成的正交函数系，记作 Ω，自然会猜想：函数 $f(t)$ 是否能像三维向量 a 展开成式（1-5）那样，也展成正交系 Ω 中各项之和呢？

时间已经过去了两百多年，傅里叶当时是如何想的已无从得知，但他确实在 1811 年前后证实了上述猜想，开创性地给出了周期为 2π 的函数 $f(t)$ 的展开式

$$f(t) = \frac{a_0}{2} + \sum_{n=1}^{\infty} (a_n \cos nt + b_n \sin nt) \tag{1-7}$$

式（1-7）就是久负盛名的傅里叶级数，式中

$$a_n = \frac{1}{\pi} \int_0^{2\pi} f(t) \cos nt \, \mathrm{d}t \tag{1-8}$$

$$b_n = \frac{1}{\pi} \int_0^{2\pi} f(t) \sin nt \, \mathrm{d}t \tag{1-9}$$

有兴趣的读者不妨将傅里叶级数（1-7）同三维向量的展开式（1-5）作个比较，就会意识到：两者在概念上是一致的。式（1-8）和式（1-9）与式（1-6）比较，也是如此。不过，就内涵而言，傅里叶级数远为宽广，并存在如下定理。

定理 1.1 设函数 $f(t)$ 是以 2π 为周期的周期函数，且

① 单值连续，或只存在有限个第一类间断点；

② 在一个周期内只存在有限个极值。

则函数 $f(t)$ 的傅里叶级数收敛。当 t 是连续点时，级数收敛于 $f(t)$；当 t 是间断点时，级数收敛于 $\frac{1}{2}\big(f(t+0)+f(t-0)\big)$。

在定理中，函数 $f(t)$ 所附加的条件称为狄利克雷（Dirichlet）条件，以保证其傅里叶级数处处收敛。至于定理的证明，笔者一无所知，不敢妄言，仅举例如下。

例1.1 试将周期函数

$$f(t)=\begin{cases}-1，& 当 -\pi \leq t < 0 时 \\ 1，& 当 0 \leq t < \pi 时\end{cases}$$

展成傅里叶级数，其图形如图1-5所示。

解 函数 $f(t)$ 的傅里叶级数如式（1-7）所示。现在针对给定的函数求其中的系数 a_n 和 b_n。就例1.1而言，利用式（1-8），得

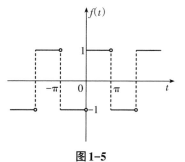

图1-5

$$\begin{aligned}a_n &= \frac{1}{\pi}\int_{-\pi}^{\pi}f(t)\cos nt\,\mathrm{d}t \\ &= \frac{1}{\pi}\int_{-\pi}^{0}(-\cos nt)\mathrm{d}t + \frac{1}{\pi}\int_{0}^{\pi}\cos nt\,\mathrm{d}t \\ &= 0\end{aligned}$$

利用式（1-9），得

$$\begin{aligned}b_n &= \frac{1}{\pi}\int_{-\pi}^{\pi}f(t)\sin nt\,\mathrm{d}t \\ &= \frac{1}{\pi}\int_{-\pi}^{0}(-\sin nt)\mathrm{d}t + \frac{1}{\pi}\int_{0}^{\pi}\sin nt\,\mathrm{d}t \\ &= \frac{2}{n\pi}\big[1-(-1)^n\big]\end{aligned}$$

从上式可知，余弦函数的系数 a_n 全部等于零；正弦函数的系数 b_n，当 n 为偶数时等于零，当 n 为奇数时等于 $\frac{4}{n\pi}$。据此，得如图1-5所示方形波函数的傅里叶级数。

$$f(t)=\frac{4}{\pi}\left[\sin t + \frac{\sin 3t}{3} + \frac{\sin 5t}{5} + \cdots + \frac{\sin(2n+1)t}{2n+1} + \cdots\right]$$

读者可能已经在想，上式中为什么缺少余弦函数？请给出自己的答案。此外，在上式中令 $t=\frac{\pi}{2}$，得

$$\frac{\pi}{4} = 1 - \frac{1}{3} + \frac{1}{5} - \frac{1}{7} + \cdots$$

这可用来计算圆周率 π 的近似值，但并不理想。

例1.2 求如图1-6所示三角形波周期函数的傅里叶级数。

解 首先，求图1-6所示函数 $f(t)$ 的表达式。从图1-6所给定的条件，易知

$$f(t) = \begin{cases} |t|, & \text{当} -\pi \le t < 0 \text{时} \\ t, & \text{当} 0 \le t < \pi \text{时} \end{cases}$$

其次，求傅里叶级数（1-7）中的常数项 $\dfrac{a_0}{2}$。为此，直接对式（1-7）两边积分，积分区间为 $[-\pi, \pi)$，即函数 $f(t)$ 的一个周期，得

$$\int_{-\pi}^{\pi} f(t)\mathrm{d}t = \int_{-\pi}^{\pi} \frac{a_0}{2}\mathrm{d}t + \int_{-\pi}^{\pi} \sum_{n=1}^{\infty}(a_n\cos nt + b_n\sin nt)\mathrm{d}t$$

$$2\int_0^{\pi} t\,\mathrm{d}t = a_0\pi + 0$$

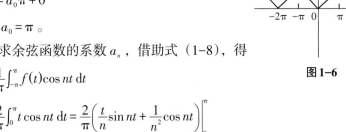

图1-6

由上式，有 $a_0 = \pi$。

再次，求余弦函数的系数 a_n，借助式（1-8），得

$$a_n = \frac{1}{\pi}\int_{-\pi}^{\pi} f(t)\cos nt\,\mathrm{d}t$$

$$= \frac{2}{\pi}\int_0^{\pi} t\cos nt\,\mathrm{d}t = \frac{2}{\pi}\left(\frac{t}{n}\sin nt + \frac{1}{n^2}\cos nt\right)\Big|_0^{\pi}$$

$$= \frac{2}{\pi n^2}\cos nt\Big|_0^{\pi} = -\frac{2}{\pi n^2}\left[1 - (-1)^n\right]$$

$$= \begin{cases} -\dfrac{4}{\pi n^2}, & \text{当} n \text{为奇数时} \\ 0, & \text{当} n \text{为偶数时} \end{cases}$$

借助式（1-9），得

$$b_n = \frac{1}{\pi}\int_{-\pi}^{\pi} f(t)\sin nt\,\mathrm{d}t$$

$$= \frac{1}{\pi}\int_{-\pi}^{0} |t|\sin nt\,\mathrm{d}t + \frac{1}{\pi}\int_0^{\pi} t\sin nt\,\mathrm{d}t$$

$$= \frac{1}{\pi}\int_{-\pi}^{0} (-t)\sin nt\,\mathrm{d}t + \frac{1}{\pi}\int_0^{\pi} t\sin nt\,\mathrm{d}t$$

$$= 0$$

综合上述结果，得三角形波周期函数 $f(t)$ 的傅里叶级数

$$f(t) = \frac{\pi}{2} - \frac{4}{\pi}\left(\cos t + \frac{\cos 3t}{3^2} + \frac{\cos 5t}{5^2} + \cdots\right)$$

实际上，单凭直观，就能判定上面关于系数 b_n 的积分必然等于零，道理何在？

（1）偶函数和奇函数

不言而喻，偶函数的傅里叶级数只能包含余弦函数，因余弦函数是偶函

数，所以，余弦函数的系数 a_n（a_0 例外）一定等于零，如例 1.1。

补充几句，偶函数在一个周期上的积分等于 2 倍其在半个周期上的积分，如例 1.1 求系数 b_n 时，其中的被积函数 $f(t)\sin nt$ 正是偶函数，便可直接有

$$b_n = \frac{2}{\pi}\int_0^\pi \sin nt \, \mathrm{d}t = \frac{2}{n\pi}\Big[1-(-1)^n\Big]$$

奇函数在一个周期上的积分一定等于零，如例 1.2 求系数 b_n 时，其中的被积函数 $f(t)\sin nt$ 正是奇函数，所以说凭直观判断就知道系数 b_n 的积分一定等于零。最后，建议读者画出例 1.1 和例 1.2 中函数的图形，以加深理解。

再说一个问题，已知例 1.2 中函数的傅里叶级数为

$$f(t) = \frac{\pi}{2} - \frac{4}{\pi}\left(\cos t + \frac{\cos 3t}{3^2} + \frac{\cos 5t}{5^2} + \cdots\right) \tag{1-10}$$

例 1.1 的傅里叶级数为

$$f(t) = \frac{4}{\pi}\left[\sin t + \frac{\sin 3t}{3} + \frac{\sin 5t}{5} + \cdots + \frac{\sin(2n+1)t}{2n+1} + \cdots\right] \tag{1-11}$$

两相对比，是否发现了什么问题？

（2）傅里叶级数的导数

将上列两个级数仔细对比之后，马上就会发现：后一个级数的每一项恰好是前一个级数逐项求导的结果！为便于区分，改记式（1-10）中的函数为 $f_2(t)$，式（1-11）中的为 $f_1(t)$。以上表明

$$\frac{\mathrm{d}f_2(t)}{\mathrm{d}t} = f_1(t) \tag{1-12}$$

式（1-12）有双重含义：一是 $f_2(t)$ 的傅里叶级数的导数就是 $f_1(t)$ 的傅里叶级数，这已经交代过了；二是 $f_2(t)$，即三角形波周期函数，其在周期 $(-\pi, \pi)$ 内的导数恰好等于同一周期 $(-\pi, \pi)$ 内的 $f_1(t)$，即方形波周期函数。这并非偶然，实际上存在如下定理：

定理 1.2 设函数 $f_2(t)$ 和 $f_1(t)$ 都是周期函数，满足狄利克雷条件，且函数 $f_2(t)$ 在周期内的导数等于函数 $f_1(t)$，则函数 $f_2(t)$ 的傅里叶级数逐项求导后的级数便是函数 $f_1(t)$ 的傅里叶级数。

关于傅里叶级数的积分，同样存在类似的结论，但涉及积分常数，不易处理，又非重点，不再多叙。

在结束本节之前，请回顾讲过的内容，做个猜想：直接写出如图 1-7 所示函数 $f_1(t)$ 和 $f_2(t)$ 的傅里叶级数。

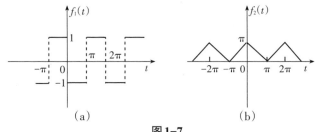

图1-7

1.2.2 周期等于任意数

前面讲过，函数 $\sin t$ 和 $\cos t$ 的周期都是 2π，请回答，函数 $\sin\omega t$ 和 $\cos\omega t$ 的周期是多少，其中 ω 为某一正数？易知，函数此时的周期（记为 T）为

$$T = \frac{2\pi}{\omega} \quad \text{或} \quad \omega T = 2\pi$$

关于上式，在下节会有更多的说明。为将周期等于 T 的函数 $f(t)$ 展成傅里叶级数，当务之急是验证函数系列 $\sin n\omega t$ 和 $\cos n\omega t\,(n=1,2,3,\cdots)$ 是否也像函数系列 $\sin nt$ 和 $\cos nt$ 一样同属于正交函数系？经过直接计算后，有

$$\int_{t_0}^{t_0+T} \sin m\omega t \cos n\omega t\, \mathrm{d}t = 0 \tag{1-13}$$

$$\int_{t_0}^{t_0+T} \sin m\omega t \cdot \sin n\omega t\, \mathrm{d}t = \begin{cases} 0, & \text{当}n=m=0\text{时} \\ \dfrac{\pi}{\omega}, & \text{当}n=m>0\text{时} \\ 0, & \text{当}n\neq m\text{时} \end{cases} \tag{1-14}$$

$$\int_{t_0}^{t_0+T} \cos m\omega t \cdot \cos n\omega t\, \mathrm{d}t = \begin{cases} \dfrac{2\pi}{\omega}, & \text{当}n=m=0\text{时} \\ \dfrac{\pi}{\omega}, & \text{当}n=m>0\text{时} \\ 0, & \text{当}n\neq m\text{时} \end{cases} \tag{1-15}$$

式（1-13）、式（1-14）、式（1-15）中，n 和 m 是等于或大于零的整数。将上列结果与式（1-2）、式（1-3）和式（1-4）相比，立刻可知：函数系列 $\sin n\omega t$ 和 $\cos n\omega t\,(n=1,2,3,\cdots)$ 是正交函数系。

有了上述验证的结论，则可以完全仿照将周期等于 2π 的函数展成傅里叶级数的做法，将周期等于 T 的函数 $f(t)$ 展成如下傅里叶级数

$$f(t) = \frac{a_0}{2} + \sum_{n=1}^{\infty}(a_n \cos n\omega t + b_n \sin n\omega t) \tag{1-16}$$

其中

$$a_n = \frac{\omega}{\pi}\int_{t_0}^{t_0+T} f(t)\cos n\omega t\, \mathrm{d}t \quad (n=0,1,2,\cdots) \tag{1-17}$$

$$b_n = \frac{\omega}{\pi}\int_{t_0}^{t_0+T} f(t)\sin n\omega t\, \mathrm{d}t \quad (n=1,2,3,\cdots) \tag{1-18}$$

例 1.3 试将周期函数

$$f(t)=\begin{cases}1, & 当-\dfrac{\pi}{\omega}\leqslant t<0时\\ -1, & 当0\leqslant t<\dfrac{\pi}{\omega}时\end{cases}$$

展成傅里叶级数，其图形如图1–8所示。

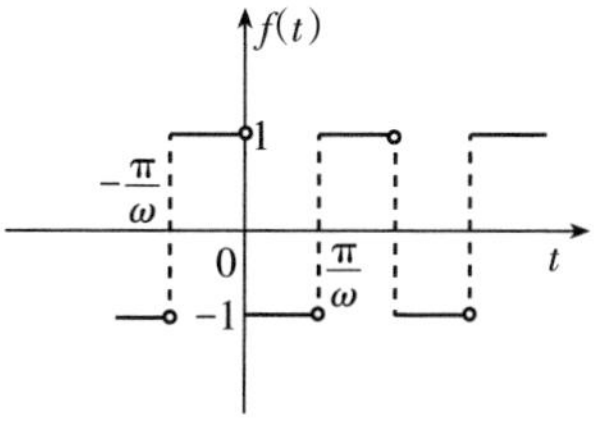

图1–8

解 由给定条件可知，函数 $f(t)$ 是奇函数。因此，其展开式中不会存在常数项和余弦函数。所需要的仅仅是计算正弦函数项的系数 b_n。

借助式（1–18），得

$$\begin{aligned}b_n&=\frac{\omega}{\pi}\int_{-\frac{\pi}{\omega}}^{\frac{\pi}{\omega}}f(t)\sin n\omega t\mathrm{d}t\\&=\frac{\omega}{\pi}\int_{-\frac{\pi}{\omega}}^{0}1\cdot\sin n\omega t\mathrm{d}t+\int_{0}^{\frac{\pi}{\omega}}(-1)\sin n\omega t\mathrm{d}t\end{aligned}$$

在上式中，$f(t)$ 是奇函数，$\sin n\omega t$ 也是奇函数，自然被积函数是偶函数。据此，有

$$\begin{aligned}b_n&=\frac{2\omega}{\pi}\int_{-\frac{\pi}{\omega}}^{0}\sin n\omega t\mathrm{d}t=\frac{2\omega}{\pi}\left(-\frac{1}{n\omega}\cos n\omega t\right)\Bigg|_{-\frac{\pi}{\omega}}^{0}\\&=-\frac{2}{n\pi}\left[1-(-1)^n\right]=\begin{cases}-\dfrac{4}{n\pi}, & 当n为奇数时\\ 0, & 当n为偶数时\end{cases}\end{aligned}$$

利用上述结果，不难写出函数 $f(t)$ 的傅里叶级数

$$f(t)=-\frac{4}{\pi}\left[\sin\omega t+\frac{\sin 3\omega t}{3}+\frac{\sin 5\omega t}{5}+\cdots+\frac{\sin(2n+1)\omega t}{2n+1}+\cdots\right]$$

看到上式后，读者可能已经想起了例1.1。若记例1.1中函数的傅里叶级数为 F_1，记上式中当 $\omega=1$ 时的级数为 F_2，则显然

$$F_1=-F_2,\quad F_1+F_2=0 \tag{1–19}$$

式（1–19）的结论可谓早已注定，为什么这样讲？道理至少有以下两点：

① 试将例1.1中的函数，现记为 $f_1(t)$，将例1.3中当 $\omega=1$ 时的函数，现记为 $f_2(t)$，逐点相加，立刻就会发现

$$f_1(t)+f_2(t)=0 \tag{1–20}$$

所以说，式(1–19)的结论是早已注定的。

② 下面的级数

$$f(t)=\frac{4}{\pi}\left(\sin t+\frac{\sin 3t}{3}+\frac{\sin 5t}{5}+\cdots\right)$$

是例1.1中周期函数 $f(t)$ 展成的傅里叶级数。先将此级数中的变量 t 代换成

$t+\pi$，接下来再做两件事：写出由此得到的级数，并予以简化；思考将变量t代换成$t+\pi$的实际含义，并联系刚讨论过的内容，务必满意为止。是否满意，看完下面的例子就知端倪。

例1.4　试将周期函数

$$f(t)=\begin{cases} t+\pi, & \text{当}-\pi\leqslant t<0\text{时} \\ -t+\pi, & \text{当}0\leqslant t<\pi\text{时} \end{cases}$$

展成傅里叶级数，其图形如图1-9所示。

看完例1.4后，首先与例1.2对照，其次重温一番刚才的解说。若能稍加思考，便可立即写出$f(t)$的傅里叶级数。否则，只好从头算起，直到满意为止。

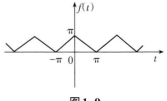

图1-9

刚想搁笔，突然脑洞一开，笔者发现：周期函数$f(t)$和$f(\omega t)$两者的傅里叶级数的常数项和全部系数a_n与b_n居然一模一样！（请比较例1.1同例1.3中的两个级数）这是否正确？原因何在？望读者想个明白，替笔者揭开谜底。

1.2.3　周期趋于无穷大

本节的内容略显抽象，对初学者而言，有必要对上节谈过的话题多说几句。

① 就正弦函数$\sin t$而言，当t变化时，逐点描绘出如图1-10所示图形。从图形可见，其周期等于2π。同理，函数$\sin\omega t$当t变化，引起ωt从0变化至2π（任何一个2π区间都一样）时，必然描绘出一个周期的图形。为具体起见，设$\omega=2$，则得$2t=2\pi$，而$t=\pi$便是函数$\sin 2t$的一个周期，如图1-10所示。为加深

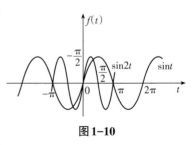

图1-10

印象，建议读者设$\omega=3$，自己绘出图来，看函数$\sin 3t$的周期是多少，是否等于$\dfrac{2\pi}{3}$。一般地说，函数$\sin\omega t$和$\cos\omega t$的周期都等于$\dfrac{2\pi}{\omega}$。

② 根据上述结果，有一个现象值得思考。仍以函数$\sin\omega t$为例，试问当ω变化时，其周期如何变化？此问看似容易，实则说道不少。

一般常用正弦函数$\sin\omega t$表示波动，这时记其周期为T，即

$$T=\frac{2\pi}{\omega}, \quad \omega T=2\pi \tag{1-21}$$

式中，ω称为角频率。为何如此叫法？请看下面的说明。

设有一质点m，位于横轴$x=1$处，在xOy面上作匀速圆周运动，如图1-11

（a）所示。质点 m 每旋转一周所需的时间，称为其运动周期，常记作 T。若 $T=1$，则表示质点旋转一周需时 1 秒；反之，若质点每秒旋转 10 周，则周期 $T=\dfrac{1}{10}$ 秒。质点每秒旋转的周数，称为其旋转的频率，常用 f 表示。大家知道，我国电压的频率 $f=50$ 赫兹，赫兹是频率的单位，意为电压每秒"旋转"50 周。这里的"旋转"是指当发电机的转子每秒旋转 50 周，产出正弦波的电压频率 $f=50$ 赫兹。易知，频率 f 与周期 T 存在关系

$$fT=1$$

另一方面，旋转一周等于旋转 $360°$，即 2π 弧度。因此，为说明质点旋转的速度，既可用频率 f 表示每秒旋转的周数，也可用角频率 ω 表示每秒旋转的弧度。显然，频率 f 与角频率 ω 存在如下关系

$$f=\frac{\omega}{2\pi}$$

再借助频率 f 与周期 T 的关系，又有

$$Tf=T\cdot\frac{\omega}{2\pi}=1,\ T\omega=2\pi$$

下面以函数 $\sin\omega t$ 为例，借助上式看清当角频率 ω 变化时，所论函数的变化情况。

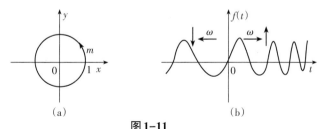

图 1-11

首先，当角频率 ω 逐渐增加时，由上式可见，函数 $\sin\omega t$ 的周期 T 将逐渐缩短，其波形的变化将如图 1-11（b）所示。在极端情况下，角频率 ω 趋于无穷大，而周期 T 的极限为零。

其次，当角频率 ω 逐渐减小时，函数 $\sin\omega t$ 的周期 T 将逐渐增加，其波形的变化也如图 1-11 所示，正好同 ω 增加时相反。说到这里，希望读者思考一下，此时的极限情况将是什么？

思考之后，自然会想到，让角频率 ω 不断地减少，一步步往下探索。设 $\omega=1$，则函数 $f(t)$ 展成的傅里叶级数为

$$f(t)=\frac{a_0}{2}+\sum_{n=1}^{\infty}(a_n\cos nt+b_n\sin nt)$$

设 $\omega=0.1$，则

$$f(t) = \frac{a_0}{2} + \sum_{n=1}^{\infty} \left(a_n \cos n(0.1t) + b_n \sin n(0.1t) \right)$$

照此下去，当角频率 ω 不断减小、周期 T 不断增加时，显然可见：展式中的三角函数项 $\cos \omega t$ 和 $\sin \omega t$ 将愈加密集。但是，无论角频率 ω 多小、周期多长，把函数 $f(t)$ 展成傅里叶级数的步骤丝毫不变，其结果依然如式（1-16）、式（1-17）和式（1-18）所示。看到这里，读者一定会问：当角频率 ω 一直减小下去、逐渐趋近于极限值零时，那应该如何处理？问题很好，说难也不难，我们在第2章会给出完美的答案：傅里叶变换。

1.3 习题

1. 试验证函数系列 $\sin nt$ 和 $\cos nt$ 是正交函数系，其中 n 为正整数。

2. 已知空间向量 $\boldsymbol{a}$ 可以展开为

$$\boldsymbol{a} = a_1 \boldsymbol{i} + a_2 \boldsymbol{j} + a_3 \boldsymbol{k}$$

式中，$\boldsymbol{i}$，$\boldsymbol{j}$，$\boldsymbol{k}$ 构成一正交坐标系。

又知平均值等于零的周期函数满足狄利克雷条件就可展成傅里叶级数，记此函数为 $f(t)$，即

$$f(t) = \sum_{n=1}^{\infty} \left(a_n \cos n\omega t + b_n \sin n\omega t \right)$$

请对比上述两式，再看一遍题1，思考之后，写下自己的感悟。

3. 有函数 $f(t)$，周期为 2π，如图1-12所示，试求其傅里叶级数。并由此证实

$$\frac{\pi}{4} = 1 - \frac{1}{3} + \frac{1}{5} - \frac{1}{7} + \cdots$$

4. 存在周期函数 $f(t)$，其图形如图1-13所示，试求其傅里叶级数。

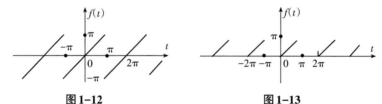

图1-12　　　　　　　　　　图1-13

5. 存在周期函数 $f(t)$，其图形如图1-14所示。试根据题4的结果直接写出此函数的傅里叶级数，并通过计算予以验证。

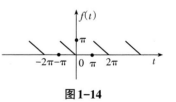

图1-14

6. 存在周期函数 $f(t)$，其图形如图1-15所示，试根据题5的结果直接写出此函数的傅里叶

级数，并通过计算予以验证。（提示：移动 π ）

7. 存在周期函数 $f(t)$ ，如图 1-16 所示，试根据题 6 的结果直接写出此函数的傅里叶级数，并予以验证。

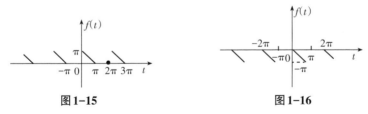

图 1-15　　　　　　　　　　　图 1-16

8. 设有周期函数 $f(t)$ ，如图 1-17 所示，试根据题 5、题 6、题 7 的结果直接写出此函数的傅里叶级数，予以验证，并同题 3 的结果比较。

9. 设有周期函数 $f(t)$ ，如图 1-18 所示。试根据题 7 的结果直接写出此函数 $f(t)$ 的傅里叶级数，并予以验证。

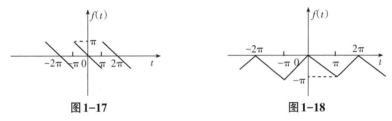

图 1-17　　　　　　　　　　　图 1-18

10. 记题 9 的周期函数为 $f(t)$ ，画出其导数 $f'(t)$ 的图形。求函数 $f(t)$ 的傅里叶级数的导数，看是否就是其导数 $f'(t)$ 的傅里叶级数，并予以验证。

11. 在已知的函数中，查看一遍，是否还存在一对或多对函数，两者具有如题 10 所讲的关系？

12. 存在周期函数 $f_1(t)$ ，如图 1-19（a）所示，首先求其傅里叶级数。其次：

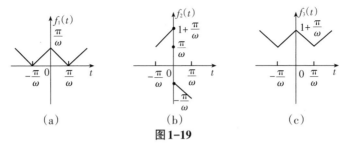

（a）　　　　　　　　（b）　　　　　　　　（c）

图 1-19

（1）将得到的结果同例 1.3 的结果两相对比，写下自己的发现；

（2）将周期函数 $f_2(t)$ ［图 1-19（b）所示］展成傅里叶级数，并与上述两级数逐一对比，写下受到的启示；

（3）试着直接写出周期函数 $f_3(t)$ ［如图 1-19（c）所示］的傅里叶级数，

并由此导出函数 $f_1(t)-f_3(t)$ 的傅里叶级数。最后，综上所述，记下自己的心得。

13. 设有周期函数 $f(t)$，如图1-20所示，试求其傅里叶级数：

（1）直接计算；

（2）通过坐标变换，套用例1.1中得出的结果。

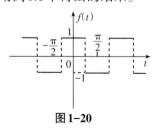

图1-20

14. 将周期从 $[-\pi, \pi)$ 改为 $[-1, 1)$，重做题13。

15. 将周期从 $[-\pi, \pi)$ 改为 $\left[-\dfrac{T}{2}, \dfrac{T}{2}\right)$，重做题13。

第2章　傅里叶变换

我们在前一章讨论了周期函数 $f(t)$ 的傅里叶级数，获得了十分完美的答案。与此同时，也给读者留下一个悬念：当函数的周期 T 不断增加趋近于无穷时，函数 $f(t)$ 的傅里叶级数是否存在极限形式？

本章的目的在于阐述一个周期函数 $f(t)$ 的傅里叶级数，在其周期 T 趋于无穷时，转变为非周期函数的傅里叶积分的过程，进而得到傅里叶变换。

2.1　变换的含义

世间万物，千变万化。大江东去，时光流逝，这些是不可逆的变化；大钞换小钞，小米换大米，这些是可逆的变换。本书不谈变化，只说变换。

其实，我们每时每刻都会遇到"变换"。为了使用方便，常把百元大钞变换成一元小钞。数学化之后，则有

$$1（百元）=100（一元）$$
$$100（一元）=1（百元）$$

再有，一块土地呈正方形，已知其面积为100米²，欲知其边长；反之，已知其边长为10米，欲知其面积。数学化之后，则有

$$\sqrt{100}=10$$
$$10^2=100$$

以上两例实在平常。请看于17世纪初叶横空出世的对数，由苏格兰的纳皮尔(J. Napier)创立，用现时符号写出来，就是

$$\ln y=x$$
$$e^x=y$$

称 x 为 y 以 e 为底的对数，y 为 x 的真数。

在没有计算机的时代，上述对数变换将乘法转变为加法，非常高效地减轻了当时及后期诸如天文、航海和商业众多领域的繁重计算，功不可没，在数学史上留下了浓重的一页。

据上所述，读者对所谓变换可能已经形成了概念。为加深理解，回想一下三维向量 a 的分解式

$$a = a_1 \boldsymbol{i} + a_2 \boldsymbol{j} + a_3 \boldsymbol{k}$$
$$a_1 = \boldsymbol{a} \cdot \boldsymbol{i}, \ a_2 = \boldsymbol{a} \cdot \boldsymbol{j}, \ a_3 = \boldsymbol{a} \cdot \boldsymbol{k}$$

其中，向量 $\boldsymbol{a}$ 变换成了三个量 a_1，a_2，a_3；反之亦然。

2.2 傅里叶积分概述

2.1节谈过变换，而将一个周期函数 $f(t)$ 展开成傅里叶级数，设周期为 2π，则

$$f(t) = \frac{a_0}{2} + \sum_{n=1}^{\infty}(a_n \cos nt + b_n \sin nt)$$

$$a_n = \frac{1}{\pi}\int_{-\pi}^{\pi} f(t)\cos nt \mathrm{d}t$$

$$b_n = \frac{1}{\pi}\int_{-\pi}^{\pi} f(t)\sin nt \mathrm{d}t$$

更是一个典型的变换。在上列后两个式子中，周期函数 $f(t)$ 变换成一系列系数 a_n 和 b_n（$n = 1, 2, 3, \cdots$），常称为傅氏系数；反之，在头一个式子中，傅氏系数 a_n 和 b_n 变换成了周期函数 $f(t)$。

如今，大家对变换已经具有了相对充分的认知。所谓变换，就是一个或多个变量（或函数）通过数学运算变换为另一个或多个变量（或函数）。所论变换都是可逆的，必然含有两个或两组数学表达式。

做好了一切准备，让我们来探索一个远为抽象而又非常重要的变换：傅里叶变换，在2.1节留下的悬念，也就是周期函数 $f(t)$ 当周期 T 趋于无穷时，其傅里叶级数是否存在极限形式？若存在，则其表达式是怎样的？

我们早已知道，周期为 T 的函数 $f(t)$，其傅里叶级数为

$$f(t) = \frac{a_0}{2} + \sum_{n=1}^{\infty}(a_n \cos n\omega t + b_n \sin n\omega t)$$

式中 $\omega = \dfrac{2\pi}{T}$。现在就来观察，在周期 T 逐渐增大的过程中，函数 $f(t)$ 的傅里叶级数会发生什么样的变化。为具体起见，下面将画出一条曲线揭示周期 T 与角频率 ω 的关系，如图2-1所示。

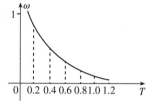

图2-1

看过图2-1，请读者特别关心以下两项：

① 当周期 T 趋于零时，角频率 ω 趋于无穷大；当周期 T 趋于无穷大时，角频率 ω 趋于零。这后一句话，必须记住。

② 图2-1同计算一个函数的定积分时的示意图如出一辙。

讲到这里，已经进入问题的核心。为分散难点，早日找到答案，还得求助

周期函数的另一展开形式。

2.3 复数形式

一遇到新问题，本书没有其他办法，只会老调重弹：温故而知新，可以为师矣。既然是谈复数形式，当然应同复数挂钩。

下面是众所周知的欧拉公式

$$e^{i\omega t} = \cos \omega t + i \sin \omega t \tag{2-1}$$

据此可得

$$\cos \omega t = \frac{1}{2}\left(e^{i\omega t} + e^{-i\omega t}\right), \ \sin \omega t = \frac{1}{2}\left(e^{i\omega t} - e^{-i\omega t}\right)$$

从而可将函数 $f(t)$ 的傅氏级数

$$f(t) = \frac{a_0}{2} + \sum_{n=1}^{\infty}\left(a_n \cos n\omega t + b_n \sin n\omega t\right)$$

改写为

$$f(t) = \sum_{n=-\infty}^{\infty} c_n e^{in\omega t} \tag{2-2}$$

式（2-2）中的傅氏系数 c_n 不难计算，把欧拉公式代入函数 $f(t)$ 的傅氏级数，略加整理便一蹴而就。可是，正交系令人难忘，正弦和余弦函数正交系在攻克傅氏级数的战役中功不可没，它们还有一位兄弟，身手也是不凡，请看

$$\int_0^{2\pi} e^{int} \cdot e^{-imt} dt = \begin{cases} 2\pi, & \text{当} n = m \text{时} \\ 0, & \text{当} n \neq m \text{时} \end{cases} \tag{2-3}$$

式中 n 和 m 均为整数。可见，e^{int}，n 是整数，同样属于正交系。

将等式（2-2）乘以 $e^{-in\omega t}$，借助正交系（2-3），则得

$$c_n = \frac{1}{T} \int_{-\frac{T}{2}}^{\frac{T}{2}} f(t) e^{-in\omega t} dt \tag{2-4}$$

再把式（2-4）同式（2-2）两相结合

$$f(t) = \sum_{n=-\infty}^{\infty} c_n e^{in\omega t}$$

$$c_n = \frac{1}{T} \int_{-\frac{T}{2}}^{\frac{T}{2}} f(t) e^{-in\omega t} dt \tag{2-5}$$

就是我们所期盼的函数 $f(z)$ 的傅氏级数的复数形式，简称 $f(t)$ 的傅氏复级数。

看完傅氏复级数（2-5）之后，有无联想？它包含两个等式，同类情况不少，请说一下对哪类印象最为深刻？在这里我先说一下自己的感悟。

记得我上大学时，老师在黑板上写下两个等式

$$\left.\begin{array}{l} \boldsymbol{a}=a_1\boldsymbol{i}+a_2\boldsymbol{j}+a_3\boldsymbol{k} \\ a_1=\boldsymbol{a}\cdot\boldsymbol{i}, \quad a_2=\boldsymbol{a}\cdot\boldsymbol{j}, \quad a_3=\boldsymbol{a}\cdot\boldsymbol{k} \end{array}\right\} \tag{2-6}$$

然后解释道：三个单位向量 $\boldsymbol{i}$，$\boldsymbol{j}$，$\boldsymbol{k}$ 组成一个在三维空间的正交系；等式（2-6）实际上构成一种变换。

我听完老师的解释似懂非懂，经过长时间的琢磨，才有所领悟，几乎所有的变换无非如此，受益匪浅，印象特别深刻。

现在让我们把双等式（2-5）归并成一个等式

$$f(t)=\sum_{n=-\infty}^{\infty}\left(\frac{1}{T}\int_{-\frac{T}{2}}^{\frac{T}{2}}f(t)\mathrm{e}^{-\mathrm{i}n\omega t}\mathrm{d}t\right)\mathrm{e}^{\mathrm{i}n\omega t} \tag{2-7}$$

除希望加深印象外，还盼有人将等式（2-6）归并。

例2.1 求函数

$$f(t)=\begin{cases} 1, & \text{当}-\pi\leqslant t<0\text{时} \\ -1, & \text{当}0\leqslant t<\pi\text{时} \end{cases}$$

的傅里叶级数的复数形式。

解 利用求傅氏系数的公式(2-5)，有

$$\begin{aligned} c_n &= \frac{1}{2\pi}\int_{-\pi}^{\pi}f(t)\mathrm{e}^{-\mathrm{i}nt}\mathrm{d}t \\ &= \frac{1}{2\pi}\int_{-\pi}^{0}\mathrm{e}^{-\mathrm{i}nt}\mathrm{d}t+\frac{1}{2\pi}\int_{0}^{\pi}(-1)\mathrm{e}^{-\mathrm{i}nt}\mathrm{d}t \\ &= -\frac{1}{2\pi\mathrm{i}n}\mathrm{e}^{-\mathrm{i}nt}\Big|_{-\pi}^{0}+\frac{1}{2\pi\mathrm{i}n}\mathrm{e}^{-\mathrm{i}nt}\Big|_{0}^{\pi} \\ &= \frac{\mathrm{i}}{2n\pi}\left(\mathrm{e}^{-\mathrm{i}nt}\Big|_{-\pi}^{0}-\mathrm{e}^{-\mathrm{i}nt}\Big|_{0}^{\pi}\right) \\ &= \begin{cases} \dfrac{2\mathrm{i}}{n\pi}, & \text{当}n\text{为奇数时} \\ 0, & \text{当}n\text{为偶数时} \end{cases} \end{aligned}$$

又，直接计算或观察(函数 $f(t)$ 的平均值等于零)可知 $c_0=0$，代入上列结果，从式（2-5）得函数 $f(t)$ 的傅里叶复级数为

$$f(t)=\frac{2\mathrm{i}}{\pi}\left(\cdots-\frac{1}{5}\mathrm{e}^{-\mathrm{i}5t}-\frac{1}{3}\mathrm{e}^{-\mathrm{i}3t}-\mathrm{e}^{-\mathrm{i}t}+\mathrm{e}^{\mathrm{i}t}+\frac{1}{3}\mathrm{e}^{\mathrm{i}3t}+\frac{1}{5}\mathrm{e}^{\mathrm{i}5t}+\cdots\right)$$

看过上例，读者可能已经想起，例2.1和例1.3一模一样。作为练习，不妨利用欧拉公式将两例的表达式相互转化，以资验证。

例2.2 试求周期函数

$$f(t)=t \quad (-2\leqslant t<2)$$

的傅里叶复级数，其图形如图2-2所示。

解 此时，$T=4$，$\omega=\dfrac{\pi}{2}$，由公式（2-5），有

$$
\begin{aligned}
c_n &= \frac{1}{4}\int_{-2}^{2} t\mathrm{e}^{-\frac{\mathrm{i}n\pi t}{2}}\mathrm{d}t \\
&= -\frac{t}{2\mathrm{i}n\pi}\mathrm{e}^{-\frac{\mathrm{i}n\pi t}{2}}\Big|_{-2}^{2} + \int_{-2}^{2}\frac{1}{2\mathrm{i}n\pi}\mathrm{e}^{-\frac{\mathrm{i}n\pi t}{2}}\mathrm{d}t \\
&= \frac{2\mathrm{i}}{n\pi}\cos n\pi - \frac{2\mathrm{i}}{n^2\pi^2}\sin n\pi = \frac{2\mathrm{i}}{n\pi}(-1)^n
\end{aligned}
$$

又易知 $c_0=0$ ，代入上列结果，从式（2–5）得函数 $f(t)$ 的傅里叶复级数为

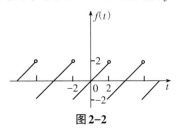

图2–2

$$
\begin{aligned}
f(t) &= \sum_{\substack{n=-\infty \\ n\neq 0}}^{\infty}(-1)^n\frac{2\mathrm{i}}{n\pi}\mathrm{e}^{\frac{\mathrm{i}n\pi t}{2}} \\
&= \frac{2\mathrm{i}}{\pi}\left(\cdots + \frac{1}{3}\mathrm{e}^{\frac{-\mathrm{i}3\pi t}{2}} - \frac{1}{2}\mathrm{e}^{-\mathrm{i}\pi t} + \mathrm{e}^{-\frac{\mathrm{i}\pi t}{2}} - \mathrm{e}^{\frac{\mathrm{i}\pi t}{2}} + \frac{1}{2}\mathrm{e}^{\mathrm{i}\pi t} - \frac{1}{3}\mathrm{e}^{\frac{\mathrm{i}3\pi t}{2}} + \cdots\right)
\end{aligned}
$$

请将例2.2中函数 $f(t)$ 的周期 T 从4改为 2π，并把据此得到的傅氏复级数同第1章习题中的题3相互对比，作为练习。

2.4 傅里叶积分

2.3节“温故”，引来了函数 $f(z)$ 的傅氏复级数，小有斩获。这次温故将有大丰收，如若不信，请拭目以待。

提到定积分，多数人会认为是老皇历了，但却有人要用这个旧瓶子装上新酒，请读者尝鲜并祈指正。

图2–3

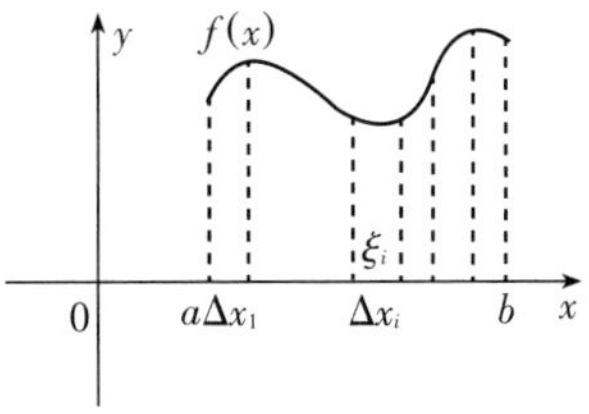

设有定义在区间 $[a, b]$ 上的连续函数 $f(x)$，如图2–3所示，为求曲线在区间 $[a, b]$ 内围成的面积，将区间分作 n 个小区间 Δx_i ，在每个小区间 Δx_i 内任选一点 ξ_i ，作和式

$$
I_n = \sum_{i=1}^{n} f(\xi_i)\Delta x_i \tag{2–8}
$$

令每个 Δx_i 都趋近于零，n 趋近于无穷大，再取极限，其值就是曲线所围成的面积，并称为函数 $f(x)$ 在区间上的定积分，记作

$$I = \int_a^b f(x)\mathrm{d}x = \lim_{n\to\infty}\sum_{i=1}^n f(\xi_i)\Delta x_i \qquad (2-9)$$

据上所述，Δx_i 是任意分的，ξ_i 是在 Δx_i 内任意选的。既然如此，为简明起见，现在将区间 $[a，b]$ 等分为 n 个小区间 Δx，ξ_i 就选在其所在小区间 Δx 的终端。这样一来，式（2-9）化为

$$I = \int_a^b f(x)\mathrm{d}x = \lim_{\substack{n\to\infty \\ \Delta x\to 0}}\sum_{n=1}^\infty f(n\Delta x)\Delta x \qquad (2-10)$$

酿造这点"新酒"，费时良多，特绘图 2-4 以示庆祝，并请读者慢酌，坐等意外喜讯。

大家坐等之时，本书要做两件先遣工作：

① 复习一下函数 $f(t)$ 的傅氏复级数（2-5）中的头一个等式

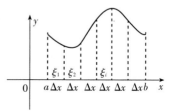

图 2-4

$$f(t) = \sum_{n=-\infty}^\infty c_n \mathrm{e}^{in\omega t} \qquad (2-11)$$

并且将其改写为

$$f(t) = \sum_{n=-\infty}^\infty \frac{c_n}{\omega}\mathrm{e}^{in\omega t}\omega \qquad (2-12)$$

② 看到式（2-12），我们不禁会想到它的极限值。大家知道，函数 $f(t)$ 的周期为 T，角频率为 ω，且

$$T\omega = 2\pi$$

试设想当周期 $T\to\infty$ 时，则 $\omega\to 0$。至此，希望读者务必把等式（2-10）同式（2-12）并列

$$\left.\begin{array}{l} \int_a^b f(x)\mathrm{d}x = \lim\limits_{\substack{n\to\infty \\ \Delta x\to 0}}\sum\limits_{n=1}^\infty f(n\Delta x)\Delta x \\[2mm] f(t) = \sum\limits_{n=-\infty}^\infty \dfrac{c_n}{\omega}\mathrm{e}^{in\omega t}\omega \end{array}\right\} \qquad (2-13)$$

请仔细对比。

上式中包含傅氏复系数 c_n，自然会令人联想起复系数公式（2-4）

$$c_n = \frac{1}{T}\int_{-\frac{T}{2}}^{\frac{T}{2}} f(t)\mathrm{e}^{-in\omega t}\mathrm{d}t$$

由于 $T\omega = 2\pi$，得

$$\frac{c_n}{\omega} = \frac{1}{2\pi}\int_{-\frac{T}{2}}^{\frac{T}{2}} f(t)\mathrm{e}^{-in\omega t}\mathrm{d}t \qquad (2-14)$$

此式经对 t 积分后，必为 $n\omega$ 的函数，简记为 $F(n\omega)$，再代回式（2-13）；

$$\int_a^b f(x)\mathrm{d}x = \lim_{\substack{n\to\infty \\ \Delta x\to 0}} \sum_{n=1}^{\infty} f(n\Delta x)\Delta x$$

$$f(t) = \frac{1}{2\pi}\sum_{n=-\infty}^{\infty} F(n\omega)\mathrm{e}^{in\omega t}\cdot\omega$$

再请读者对比，一是 $n\Delta x$ 对比 $n\omega$，一是 Δx 对比 ω，而前式令 $\Delta x\to 0$ 取极限后，变成了左端的积分。既然有章可循，则后者令 $\omega\to 0$ 取极限后，当然也应变成如下积分

$$f(t) = \frac{1}{2\pi}\int_{-\infty}^{\infty} F(\omega)\mathrm{e}^{i\omega t}\mathrm{d}\omega \tag{2-15}$$

式（2-15）中的函数 $F(\omega)$ 据式（2-14），因 $\omega\to 0$，$T\to\infty$，而为

$$F(\omega) = \int_{-\infty}^{\infty} f(t)\mathrm{e}^{-i\omega t}\mathrm{d}t = \int_{-\infty}^{\infty} f(u)\mathrm{e}^{-i\omega u}\mathrm{d}u \tag{2-16}$$

将式（2-15）、式（2-16）并列称为傅里叶积分变换公式，函数 $F(\omega)$ 称为 $f(t)$ 的傅里叶变换，简称傅氏变换，函数 $f(t)$ 称为 $F(\omega)$ 的原象。

图 2-5 和图 2-6 不一定对，希读者改正，代初学者了解傅里叶积分变换的几何意义。

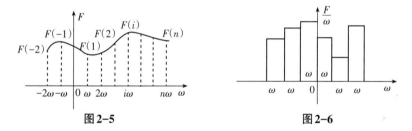

图 2-5　　　　　　　　　　　　图 2-6

以上论证属于工程性质。严格地说，存在如下定理，其证明困难，不拟引述。

积分公式定理　设有非周期函数 $f(t)$，

① 在任意的有限区间上满足狄氏条件，

② 在无限区间 $(-\infty, \infty)$ 上绝对可积，

则

$$f(t) = \frac{1}{2\pi}\int_{-\infty}^{\infty}\mathrm{d}\omega\mathrm{e}^{i\omega t}\int_{-\infty}^{\infty}\mathrm{d}u\, f(u)\mathrm{e}^{-i\omega u} \tag{2-17}$$

上式称为傅里叶积分公式，或逆转定理，其中的积分就是傅里叶积分。

需要说明：在函数 $f(t)$ 的连续点处，上式等号成立；在间断点 t_0 处，积分收敛为在该点处的平均值

$$f(t_0) = \frac{1}{2}\big(f(t_0+0) + f(t_0-0)\big)$$

例2.3 设有非周期函数

$$f(t)=\begin{cases}1, & \text{当}|t|<1\text{时} \\ 0, & \text{当}|t|\geqslant 1\text{时}\end{cases} \tag{2-18}$$

如图2-7所示，试求其傅里叶积分公式。

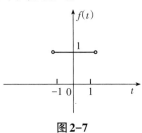

图 2-7

解 由式(2-17) 有

$$f(t)=\frac{1}{2\pi}\int_{-\infty}^{\infty}\mathrm{d}\omega\mathrm{e}^{\mathrm{i}\omega t}\int_{-\infty}^{\infty}\mathrm{d}uf(u)\mathrm{e}^{-\mathrm{i}\omega u}$$

而积分

$$\int_{-\infty}^{\infty}\mathrm{d}u\,f(u)\mathrm{e}^{-\mathrm{i}\omega u}=\int_{-1}^{1}\mathrm{e}^{-\mathrm{i}\omega u}\mathrm{d}u=\frac{1}{-\mathrm{i}\omega}\mathrm{e}^{-\mathrm{i}\omega u}\Big|_{-1}^{1}$$

$$=\frac{\mathrm{i}}{\omega}(\mathrm{e}^{-\mathrm{i}\omega}-\mathrm{e}^{\mathrm{i}\omega})=\frac{2}{\omega}\sin\omega$$

将上述结果代回原式，得

$$f(t)=\frac{1}{\pi}\int_{-\infty}^{\infty}\frac{\sin\omega}{\omega}\mathrm{e}^{\mathrm{i}\omega t}\mathrm{d}\omega$$

$$=\frac{1}{\pi}\int_{-\infty}^{\infty}\frac{1}{\omega}(\sin\omega\cdot\cos\omega t+\mathrm{i}\sin\omega\cdot\sin\omega t)\mathrm{d}\omega$$

不难看出，上式中函数 $\frac{1}{\omega}(\sin\omega\cdot\cos\omega t)$ 是关于 ω 的偶函数，函数 $\frac{1}{\omega}(\sin\omega\cdot\sin\omega t)$ 是奇函数。因此

$$f(t)=\frac{2}{\pi}\int_{0}^{\infty}\frac{1}{\omega}(\sin\omega\cdot\cos\omega t)\mathrm{d}\omega$$

再根据傅里叶积分公式，可知

$$\int_{0}^{\infty}\frac{\sin\omega\cdot\cos\omega t}{\omega}\mathrm{d}\omega=\begin{cases}\dfrac{\pi}{2}, & \text{当}|t|<1\text{时} \\[2mm] \dfrac{\pi}{4}, & \text{当}|t|=1\text{时} \\[2mm] 0, & \text{当}|t|>1\text{时}\end{cases} \tag{2-19}$$

也就是说，在函数 $f(t)$ 的连续点处，其傅里叶积分等于函数值；在间断点处，等于函数左、右极限的均值。

看完例2.3，能否想点办法，验证一下结果的正确性？有兴趣的读者不妨一试，权做练习。

回忆一下，我们在讲述傅里叶级数时曾谈过：函数 $f(t)$ 若是偶函数，则其傅里叶级数只含余弦函数；若是奇函数，则只含正弦函数。由此不难推断：函数 $f(t)$ 的傅里叶积分公式（2-17）也存在相同的结论。事实确实如此，函数 $f(t)$ 若是偶函数，则积分（2-17）可化为

$$f(t) = \frac{2}{\pi} \int_0^\infty \cos \omega t \mathrm{d}\omega \int_0^\infty f(u) \cos \omega u \mathrm{d}u \qquad (2\text{-}20)$$

式（2-20）称为函数 $f(t)$ 的傅里叶余弦积分公式。若是奇函数，则有

$$f(t) = \frac{2}{\pi} \int_0^\infty \sin \omega t \mathrm{d}\omega \int_0^\infty f(u) \sin \omega u \mathrm{d}u \qquad (2\text{-}21)$$

式（2-21）称为函数 $f(t)$ 的傅里叶正弦积分公式。

读者可能已经看出，例2.3中的函数 $f(t)$ 是偶函数，何妨用傅里叶余弦积分公式（2-20）自己做一次，同该例对比，相互佐证。下面再看一个奇函数的例子。

例2.4　存在非周期函数

$$f(t) = \begin{cases} -1, & \text{当} -1 < t \leqslant 0 \text{时} \\ 1, & \text{当} 0 < t < 1 \text{时} \\ 0, & \text{当} |t| \geqslant 1 \text{时} \end{cases}$$

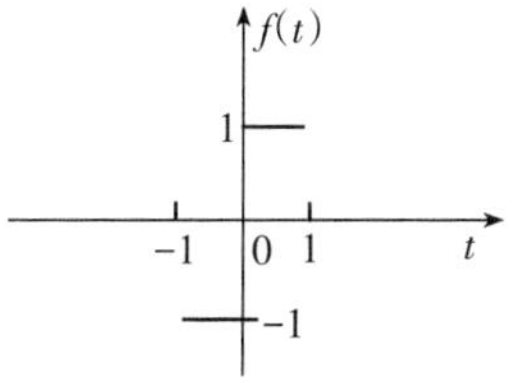

如图2-8所示。试求其傅里叶正弦积分公式。

解　鉴于函数 $f(t)$ 是奇函数，从积分公式（2-21）可得

图2-8

$$\begin{aligned} f(t) &= \frac{2}{\pi} \int_0^\infty \sin \omega t \mathrm{d}\omega \int_0^1 \sin \omega u \mathrm{d}u \\ &= \frac{2}{\pi} \int_0^\infty \sin \omega t \left(-\frac{\cos \omega u}{\omega} \bigg|_0^1 \right) \mathrm{d}\omega \\ &= \frac{2}{\pi} \int_0^\infty \frac{(1 - \cos \omega)}{\omega} \sin \omega t \mathrm{d}\omega \end{aligned} \qquad (2\text{-}22)$$

式（2-22）就是函数 $f(t)$ 的傅里叶正弦积分公式。

2.5　傅里叶变换

事实上，将周期函数 $f(t)$ 展成傅里叶级数

$$f(t) = \sum_{n=-\infty}^{\infty} c_n \mathrm{e}^{in\omega t}$$

$$c_n = \frac{1}{T} \int_0^T f(t) \mathrm{e}^{-in\omega t} \mathrm{d}t$$

已经是一种变换。通过上列第二式的积分，函数 $f(t)$ 变换为傅氏系数 c_n；通过上列第一式的求和，傅氏系数变换为函数 $f(t)$。变换都是互逆的，我们早已讲过。

傅里叶变换实际上是上述变换的升华。在2.4节已经知道，若函数满足傅里叶逆转定理的条件，则存在傅里叶积分公式

$$f(t) = \frac{1}{2\pi} \int_{-\infty}^{\infty} e^{i\omega t} d\omega \int_{-\infty}^{\infty} f(u) e^{-i\omega u} du$$

从上式不难看出：若设

$$F(\omega) = \int_{-\infty}^{\infty} f(t) e^{-i\omega t} dt \tag{2-23}$$

则

$$f(t) = \frac{1}{2\pi} \int_{-\infty}^{\infty} F(\omega) e^{i\omega t} d\omega \tag{2-24}$$

定义2.1 由积分(2-23)所表示的函数 $F(\omega)$ 称为函数 $f(t)$ 的傅里叶变换，由积分(2-24)所表示的函数 $f(t)$ 称为函数 $F(\omega)$ 的傅里叶逆变换。一律简称为傅氏变换。

例2.5 试求指数衰减函数

$$f(t) = \begin{cases} 0, & \text{当} t < 0 \text{时} \\ Ce^{-\lambda t}, & \text{当} t \geq 0 \text{时} \end{cases}$$

的傅氏变换。

解 据积分(2-16)，知函数 $f(t)$ 的傅氏变换

$$F(\omega) = \int_0^{\infty} Ce^{-\lambda t} e^{-i\omega t} dt$$

$$= C\left[-\frac{e^{-(\lambda + i\omega)t}}{\lambda + i\omega} \right]_0^{\infty} = \frac{C}{\lambda + i\omega}$$

$$= \frac{C(\lambda - i\omega)}{\lambda^2 + \omega^2}$$

请注意，函数 $f(t)$ 是变量 t 的函数，而其傅氏变换 $F(\omega)$ 却是角频率 ω 的函数，为说明其间的物理意义，再看一个例子。

例2.6 试求指数衰减振动函数 $f(t)$ 的傅氏变换：

$$f(t) = \begin{cases} 0, & \text{当} t < 0 \text{时} \\ e^{-\lambda t} \sin t, & \text{当} t \geq 0 \text{时} \end{cases}$$

其衰减曲线如图2-9所示。

解 据积分(2-16)，函数 $f(t)$ 的傅氏变换

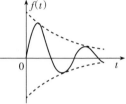

图2-9

$$F(\omega) = \int_0^\infty e^{-\lambda t} \sin t \cdot e^{-i\omega t} dt$$

$$= \int_0^\infty e^{-(\lambda + i\omega)t} \sin t dt$$

$$= \left\{ \frac{e^{-(\lambda + i\omega)t}}{(\lambda + i\omega)^2 + 1} \left[(-\lambda + i\omega)\sin t - \cos t \right] \right\}_0^{-\infty}$$

$$= \frac{1}{(\lambda + i\omega)^2 + 1} = \frac{\lambda^2 - \omega^2 + 1 - 2i\omega}{(\lambda^2 - \omega^2 + 1)^2 - 1}$$

注意，指数衰减振动函数 $f(t)$ 的傅氏变换同样是角频率 ω 的函数。要强调的是：任何非周期函数的傅氏变换都是角频率 ω 的函数。其理论价值重大，姑且不谈，其工程意义也不可小觑，必须重视。理由如下。

就例2.6而论，函数 $e^{-\lambda t}\sin t$ 所表示的或为声强的变化，由一个逐渐远去的振动器所致。究竟振动器发出来的声音，其音色如何，能否全部听到？回答这个问题，还需从头说起。

声音源于在介质中的声波，波动的快慢用频率表示，每秒波动一次，则其频率为1，频率是波动周期的倒数，单位为赫兹。人们能听到的声音，其频率介于20赫兹至20000赫兹之间，且因人而异。高于20000赫兹，称为超声；低于20赫兹，称为次声。有些动物能预告风暴的到来，因为它们可以听到次声波，而这恰好是风暴产生的声波。

有了以上的说明，现在就来回答前面提出的问题。已知振动器发出的声音，由函数 $e^{-\lambda t}\sin t$ 表示，其傅氏变换

$$F(\omega) = \frac{\lambda^2 - \omega^2 + 1 - 2i\omega}{(\lambda^2 - \omega^2 + 1)^2 - 1} \tag{2-25}$$

是角频率 ω 的函数，定义域为 $0 \leqslant \omega < \infty$，而角频率

$$\omega = \frac{2\pi}{T} = 2\pi f, \quad f = \frac{1}{T}$$

式中，T 代表周期，f 代表频率。从式（2-25）可知，振动器发出的声音涵盖了所有的频率，从零到无穷大（极限值），所以大家能听到它的驶来和驶去。但是，这只是其中的一部分，顶多在20赫兹至20000赫兹之间，而年轻人耳膜更灵敏，听到的音色比老年人更加多姿多彩。

在例2.6中只提到振动器，举一反三，诸如闪烁光源、脉冲电流、辐射磁场，都可通过其相应的傅氏变换进行类似上述的分析。异想一次：如果设计的设备所发出来的声响，其傅氏变换不包含或者较少包含从20赫兹至20000赫兹的频段，则人们就听不到噪声了。这当然好，但十分难。

2.6 频谱

2.5节内容已经涉及"频谱",一个非常重要的概念,接下来就将对其做较为系统的阐述。

早已讲过,一个周期函数 $f(t)$,满足狄利克雷条件,则可展成傅里叶级数

$$f(t) = \frac{a_0}{2} + \sum_{n=1}^{\infty} \left(a_n \cos(n\omega t) + b_n \sin(n\omega t) \right)$$

$$= \frac{a_0}{2} + \sum_{n=1}^{\infty} \sqrt{a_n^2 + b_n^2} \sin(n\omega t + \theta_n)$$

习惯上,上式中的正弦和余弦函数称为简谐函数,通项 $\sqrt{a^2 + b^2} \sin(n\omega t + \theta_n)(n = 1, 2, 3, \cdots)$ 称为函数 $f(t)$ 的第 n 次谐波, $n\omega$ 称为函数 $f(t)$ 的第 n 次谐波的频数, θ_n 称为函数 $f(t)$ 的第 n 次谐波的相角,幅值称为第 n 次谐波的振幅,简记为

$$A_0 = \frac{a_0}{2}, \quad A_n = \sqrt{a_n^2 + b_n^2} \quad (n = 1, 2, 3, \cdots) \tag{2-26}$$

在函数 $f(t)$ 的傅里叶级数取复数形式时

$$f(t) = \sum_{n=-\infty}^{\infty} c_n e^{in\omega t}$$

其中的 $c_n e^{in\omega t} + c_{-n} e^{-in\omega t}$ 称为函数 $f(t)$ 的第 n 次谐波,其振幅等于 $2|c_n|$ 。经简单计算可知

$$2|c_n| = \sqrt{a_n^2 + b_n^2} = A_n$$

从以上介绍不难看出,振幅 A_n 是自然数 $n = 0, 1, 2, \cdots$ 的离散函数,但在实际应用中,常用谐波频率 $n\omega$ 代替自然数 n 。将振幅 A_n 与谐波频率 $n\omega$ 的关系制成图就称为频谱图,而振幅 A_n 称为函数 $f(t)$ 的频谱,因 A_n 是离散函数,属于离散频谱。

例2.7 设有周期函数

$$f(t) = \begin{cases} 0, & \text{当} -\pi \leqslant t < -\dfrac{\pi}{4} \text{时} \\ 1, & \text{当} -\dfrac{\pi}{4} \leqslant t < \dfrac{\pi}{4} \text{时} \\ 0, & \text{当} \dfrac{\pi}{4} \leqslant t < \pi \text{时} \end{cases}$$

如图2-10所示,试绘制其频谱图。

解 函数 $f(t)$ 是偶函数,其傅里叶级数只含余弦函数 $a_n \cos n\omega t$ ($n = 1, 2, 3, \cdots$),因此只需求傅氏系数 a_n ,由公式(1-17),且此时 $\omega = 1$,有

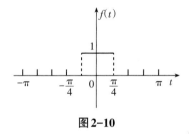

图 2-10

$$a_n = \frac{1}{\pi}\int_{-\frac{\pi}{4}}^{\frac{\pi}{4}} f(t)\cos nt\,\mathrm{d}t = \frac{2}{\pi}\int_0^{\frac{\pi}{4}}\cos nt\,\mathrm{d}t$$

$$= \frac{2}{\pi}\frac{\sin nt}{n}\bigg|_0^{\frac{\pi}{4}} = \frac{2}{n\pi}\sin\frac{n\pi}{4}$$

又傅里叶级数中的常数项 $\frac{a_0}{2}$ 就是函数 $f(t)$ 的平均值，即

$$\frac{a_0}{2} = \frac{1}{2\pi}\int_{-\pi}^{\pi} f(t)\,\mathrm{d}t = \frac{1}{2\pi}\int_{-\frac{\pi}{4}}^{\frac{\pi}{4}} 1\,\mathrm{d}t = \frac{1}{4}$$

最后得

$$f(t) = \frac{1}{4} + \sum_{n=1}^{\infty}\frac{2}{n\pi}\sin\frac{n\pi}{4}$$

由上式可知函数 $f(t)$ 的频谱为

$$A_0 = \frac{1}{4},\quad A_n = \frac{2}{n\pi}$$

在例 2.7 中，函数 $f(t)$ 的周期 $T = 2\pi$，角频率 $\omega = 1$，因此 $n\omega = n$，取 ω 或 n 作为横坐标都是一样的，遵循常规，取 ω 为横坐标绘制函数的频谱图，如图 2-11 所示，当 $\omega = n = 1$ 时，$A_1 = \frac{2}{\pi}$，振幅最大，这并非特例，属正常现象。由此可知，傅里叶级数中第 1 项 $A_1\sin(\omega t + \theta_1)$ 其重要性超越余下所有各项，因而命名为基波，不叫谐波，剩余的相应地称为第二次谐波，第三次谐波……频谱图在工程上应用广泛，借此可以看清基波及各次谐波各自的权重，采取相应的措施。比如，一个电路若其外加电压 $f(t)$ 展成傅里叶级数后基波和第二次、第三次谐波总和的权重已超过 90%，则余下的谐波可以忽略不计，这样算出来的电流，误差不会超过 10%，因谐波频率越高，遇到的阻力越大。

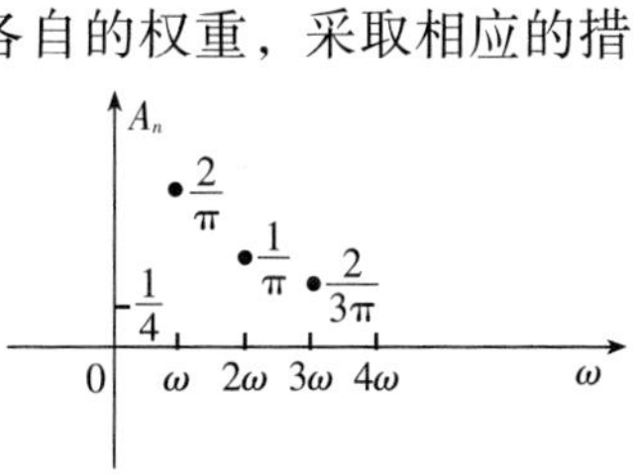

图 2-11

例 2.8　设有非周期函数

$$f(t) = \begin{cases} 0, & \text{当}\,t < 0\text{时} \\ e^{-\lambda t}, & \text{当}\,t \geq 0\text{时} \end{cases}$$

试绘制其频谱图。

解 从例2.5可得函数 $f(t)$ 的傅氏变换

$$F(\omega) = \frac{\lambda - i\omega}{\lambda^2 + \omega^2}$$

这里的 $F(\omega)$ 是一个非周期函数的傅氏变换，就对等于 A_n，一个周期函数的傅氏系数，同理称为频谱函数，而其模 $|F(\omega)|$ 简称为频谱。从上式可知

$$|F(\omega)| = \frac{1}{\sqrt{\omega^2 + \lambda^2}}$$

据此作函数 $f(t)$ 的频谱图，如图2-12所示。

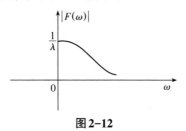

图 2-12

将图2-12与图2-11相比，显然可见：周期函数的频谱图2-11是离散的，非周期函数的频谱图2-12是连续的。此外，相角 θ_n 也是角频率 ω 的函数，也存在频谱图，称为相位频谱图。同样，视函数 $f(t)$ 为周期或非周期，相应分为离散的或连续的。相位频谱图的重要性远逊于振幅频谱图，且绘制不易，本书从略。

需要了解，傅氏变换除能用以绘制函数的频谱图外，尚有多方面的应用，且具有不少重要的特性，必须阐述。但为从另一侧面加深对它的印象，我们先介绍一些值得研究的函数。

2.7 单位脉冲函数

严格地说，单位脉冲函数不是函数，难以定义。因此，只能循序渐进，从实际中寻求帮助。

最实际的事情莫过于吃饭。对，就从吃馒头开始说起。馒头的质量正好一两，等于50克，大家比赛，第一人以10秒时间匀速吃完馒头，每秒吃5克；第二人以2秒时间吃完，每秒吃25克；第三人想夺冠军，一口气吞了馒头。谁当折桂？自然应评议谁吃馒头的速度快，速度图已经画好，如图2-13所示。从图上可见，第一人每秒吃5克，速度为每秒5克；第二人每秒吃25克，速度为每秒25克；到了第三人，大家无一人能说出他的速度，评议会只好结束。谁当折桂？此问题成为"悬案"。

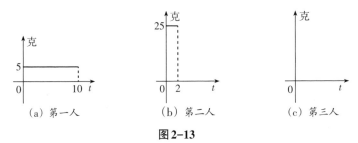

图 2-13

狄拉克(Dirac)诞生于1902年，他是量子力学的创始人之一，勇于创新发明了一个新函数，其常用的定义如下。

定义 2.2 如果函数 $\delta(t)$ 满足

$$\delta(t) = \begin{cases} 0, & \text{当} t \neq 0 \text{时} \\ \infty, & \text{当} t = 0 \text{时} \\ \int_{-\infty}^{\infty} \delta(t) = 1 \end{cases} \tag{2-27}$$

则称为狄拉克函数，简称 δ-函数，又称为单位脉冲函数，习惯上记作 $\delta(t)$。

看了上述定义，会觉得荒谬，竟然出现了 $\delta(t) = \infty (t=0)$，与常理不合。但是，这个新函数一诞生就显示了茁壮的生命力，但随之而来也产生了很多分歧。幸亏一位数字家施瓦兹不久便创立了广义函数理论，大家才统一了认识。从此，数学园里又多了一朵由数学家和物理学家联手培育的奇花。

面对函数 $\delta(t)$，工科读者宜将它视作一种极限。仍以吃馒头为例，设想第四人是用 ε 秒匀速吃完馒头的，每秒吃 $\frac{1}{\varepsilon}$ 个馒头，如图 2-14（a）所示；当 $\varepsilon \to 0$ 时，如图 2-14（a）所示函数 $\varepsilon(t)$ 的极限就是函数 $\delta(t)$，如图 2-14（b）所示。此函数具有不少重要性质，现列举一二如下。

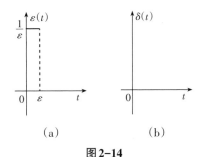

图 2-14

性质 1 若函数 $f(t)$ 连续，则

$$\int_{-\infty}^{\infty} f(t)\delta(t)\mathrm{d}t = f(0) \tag{2-28}$$

证明不难，但请先看一下直观说明。试将函数 $f(t)$ 同函数 $\varepsilon(t)$ 相乘〔如图 2-14（a）所示〕，因区间 $[0, \varepsilon]$ 很小，函数 $f(t)$ 连续，取其值等于 $f(\xi)$，

$\xi \in [0, \varepsilon]$。两者相乘后的积如图 2-15（a）所示，由此可知

$$\int_{-\infty}^{\infty} f(t)\delta(t)\mathrm{d}t \approx \frac{f(\xi)}{\varepsilon} \cdot \varepsilon = f(\xi)$$

令 $\varepsilon \to 0$，则上式中的近似号"$\approx$"化为等号，且 $f(\xi) \to f(0)$。性质（1）成立。

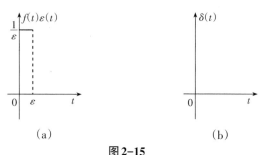

图 2-15

上面的说明不能当成证明，但对工科读者而言，作者认为这样的说明更为有用。

性质 2　$\delta(t)$ 是偶函数：$\delta(t) = \delta(-t)$。

这是显然的。根据定义

$$\delta(t) = \begin{cases} 0, & \text{当} t < 0 \text{时} \\ \infty, & \text{当} t = 0 \text{时} \\ 0, & \text{当} t > 0 \text{时} \end{cases}$$

如图 2-15（b）所示。显然可见，函数 $\delta(t)$ 只在 $t=0$ 时取值，相对于纵轴是对称的，自然为偶函数。证明也不难，请看下文。

已知函数 $\varepsilon(t)$ 如图 2-14（a）所示，其极限是函数 $\delta(t)$，因此，函数 $\varepsilon(-t)$ 将如图 2-16（a）所示。

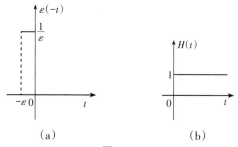

图 2-16

对函数 $\varepsilon(-t)$ 积分，并令 $-\varepsilon \to 0$，得

$$\int_{-\infty}^{\infty} \varepsilon(-t)\mathrm{d}t = 1$$

据此有

$$\delta(-t) = \begin{cases} 0, & t \neq 0 \\ \infty, & t = 0 \\ \int_{-\infty}^{\infty} \delta(-t) = 1 \end{cases} = \delta(t)$$

性质3 函数 $\delta(t)$ 存在导数 $\delta'(t)$，由下式定义

$$\int_{-\infty}^{\infty} f(t)\delta'(t)\mathrm{d}t = \left[f(t)\delta(t) \right]_{-\infty}^{\infty} - \int_{-\infty}^{\infty} f'(t)\delta(t)\mathrm{d}t$$
$$= -f'(0)$$

式中，$f(t)$ 为任一连续可导有界函数。

推论 从性质1可得

$$\int_{-\infty}^{\infty} f(t)\delta(t-t_0)\mathrm{d}t = f(t-t_0)$$

从性质2可得

$$\delta(t-t_0) = \delta(t+t_0)$$

从性质3可得

$$\int_{-\infty}^{\infty} f(t)\delta^{(n)}(t)\mathrm{d}t = (-1)^n f^{(n)}(0)$$

在上式中，$f(t)$ 为任一存在 n 阶连续导数且有界的函数。

2.8 单位阶跃函数

单位阶跃函数与单位脉冲函数相互依存，上下一气，关系十分接近，又称赫维赛德（Heaviside）函数，常简记为 $H(t)$，一般定义如下。

定义2.3 函数

$$H(t) = \begin{cases} 1, & \text{当} t > 0 \text{时} \\ 0, & \text{当} t < 0 \text{时} \end{cases}$$

如图2-16（b）所示，称为单位阶跃函数，或赫维赛德函数。

不难看出，借助单位脉冲函数 $\delta(t)$，函数 $H(t)$ 也可作如下定义：

$$H(t) = \int_{-\infty}^{t} \delta(\lambda)\mathrm{d}\lambda = \begin{cases} 1, & \text{当} t > 0 \text{时} \\ 0, & \text{当} t < 0 \text{时} \end{cases}$$

从其定义和图形都清楚可见，函数 $H(t)$ 存在间断点 $t=0$，常取值为 $H(0) = \frac{1}{2}$。此外，根据变上限积分求导的结论，由上式可得 $\frac{\mathrm{d}H(t)}{\mathrm{d}t} = \delta(t)$，上式让人难以接受，函数 $H(t)$ 的间断点 $t=0$ 处居然存在导数，导数居然还是单位脉冲函数 $\delta(t)$。可是，这没有错，既不与直观理解相悖，又得到了客观实际的支持，理由如下所述。

大家如果常用收音机，会有这样的体验：当电源开关突然打开或关闭时，收音机就会突然地发出"咔"的响声，令大家十分困惑，我们学过傅氏变换后，谜团就会解开。

例2.9 试求单位脉冲函数 $\delta(t)$ 的傅氏变换。

解 由傅氏变换式（2-31），得函数 $\delta(t)$ 的傅氏变换

$$F(\omega) = \int_{-\infty}^{\infty} f(t)\mathrm{e}^{\mathrm{i}\omega t}\mathrm{d}t = \int_{-\infty}^{\infty} \delta(t)\mathrm{e}^{-\mathrm{i}\omega t}\mathrm{d}t = \mathrm{e}^0 = 1$$

如图2-17所示。

图2-17看似简单，寓意却相当复杂。其横坐标为角频率 ω，表示单位脉冲函数 $\delta(t)$ 的频谱涵盖了全部频段，从0到无限，且强度不减，都等于1，即 $F(\omega)$ 的模。由此可知，大家的收音机无论调到哪个频段——低频，高频，超至超高频，都逃不过 $\delta(t)$ 发出的在该频段的、强度为1的电磁波的冲击，即我们在开关收音机时听到的"咔"的一声。

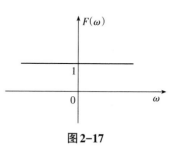

图2-17

例2.9所谈的只是冰山一角，一出现阶跃函数 $H(t)$，脉冲函数 $\delta(t)$ 必然相伴，其身影随处可见。比如电压异动、发动机突然点火、雷鸣电闪，比比皆是；至于诸如点电荷一类的更是属于高维的脉冲函数，已不属于本书的探讨范围。

2.9 傅氏变换的性质

为书写简便，以下采用符号

$$F(\omega) = \mathscr{F}\left[f(t)\right], \quad \mathscr{F}^{-1}F(\omega) = f(t)$$

表示函数 $F(\omega)$ 是函数 $f(t)$ 的傅氏变换，又凡涉及的函数 $f(t)$ 一律认定其存在傅氏变换。

（1）线性性质

若 $F_1(\omega) = \mathscr{F}\left[f_1(t)\right]$，$F_2(\omega) = \mathscr{F}\left[f_2(t)\right]$，则

$$\mathscr{F}\left[af_1(t) + bf_2(t)\right] = aF_1(\omega) + bF_2(\omega)$$

式中，a 和 b 为任意常数。逆变换也具有相同的性质

$$\mathscr{F}^{-1}\left[aF_1(\omega) + bF_2(\omega)\right] = f_1(t) + f_2(t)$$

（2）微分性质

$$\mathscr{F}\left[f'(t)\right] = \mathrm{i}\omega F(\omega)$$

以及

$$\mathscr{F}\left[f^{(n)}(t)\right]=(i\omega)^n F(\omega)$$

（3）积分性质

$$\mathscr{F}\left[\int_{-\infty}^{t}f(\lambda)d\lambda\right]=\frac{1}{i\omega}F(\omega)+c\delta(\omega)$$

式中最后一项 $c\delta(\omega)$ 是积分常数的傅氏变换。

（4）位移性质

$$\mathscr{F}\left[f(t+t_0)\right]=e^{i\omega t_0}F(\omega)$$

（5）缩放性质

$$\mathscr{F}\left[f(at)\right]=\frac{1}{a}F\left(\frac{\omega}{a}\right)$$

本书对上列各项性质的证明不予引述，但建议工科读者根据函数 $f(t)$ 的傅里叶级数〔将其中的$(n\omega)$视作ω〕

$$f(t)=\sum_{n=-\infty}^{\infty}c_n e^{i(n\omega)t}$$

对上列各项的性质逐一予以验证。因为这样做比较简单，易于记忆。此外，傅氏变换具有的性质，傅氏级数也应具有类似的性质。

2.10　习题

1. 将例2.1中函数 $f(t)$ 的傅里叶复级数同例1.3的结果比较，并相互验证。

2. 将例2.2中函数 $f(t)$ 的傅里叶复级数同第1章题3的结果比较，并相互验证。

3. 设有函数 $f(t)=e^{-|t|}$，如图2-18所示。

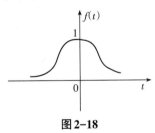

图2-18

试求其傅氏变换。

4. 试根据题3的结果，求积分

$$I = \frac{2}{\pi} \int_0^\infty \frac{\cos \omega t}{1+\omega^2} \mathrm{d}\omega$$

5. 设有函数 $f(t) = H(t+t_0)\mathrm{e}^{-\lambda t}$，其中 $H(t)$ 为单位阶跃函数，如图 2-19 所示。试求其傅氏变换。

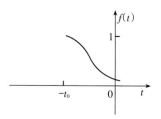

图 2-19

6. 已知 $\mathscr{F}\left[f(t)\right] = F(\omega)$，试求函数 $f(nt+c)$ 的傅氏变换。

7. 同题 6，试求函数 $tf(t)$ 的傅氏变换。

8. 求单位脉冲函数 $\delta(t-t_0)$ 的傅氏变换。

9. 求函数 $H(t-t_0)\delta(t)$ 的傅氏变换，其中 $H(t-t_0)$ 为单位阶跃函数，且 $t_0 > 0$。

10. 同题 9，但 $t_0 < 0$。

11. 如图 2-20 所示，试求函数 $f(t) = \mathrm{e}^{-t}\sin t \ (t \geqslant 0)$ 的傅氏变换。

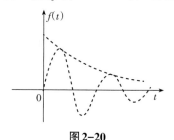

图 2-20

12. 利用题 11 的结果，求函数 $\mathrm{e}^{-\lambda t}H(t)\sin 2t$ 的傅氏变换，其中 $H(t)$ 是单位阶跃函数。

13. 如图 2-21 所示，试求函数

$$f(t) = \begin{cases} 0, & t < 0 \\ \mathrm{e}^{-\lambda t}\cos 2t, & t \geqslant 0 \end{cases}$$

的傅氏变换，并考虑是否可以利用上题的结果。

图 2-21

14. 已知 $\mathscr{F}\left[f(t)\right] = F(\omega)$，试用傅氏变换的性质，求下列函数的傅氏变换：

(1) $f(\lambda t)$；   (2) $tf'(t)$；   (3) $f(t_0-t)$；

（4）$(t-t_0)f(t)$;　　　　　（5）$e^{-i\lambda t}f(t+\lambda)$。

15. 已知函数 $f(t)$ 的傅氏变换 $F(\omega)$ 具有如下性质。

（1）$\mathscr{F}[f(\lambda t)]=\dfrac{1}{|\lambda|}F\left(\dfrac{\omega}{\lambda}\right)$;

（2）$\mathscr{F}[f'(t)]=i\omega F(\omega)$;

（3）$\mathscr{F}[f(t+t_0)]=e^{i\omega t_0}F(\omega)$。

工科读者不妨对上列性质逐一进行思考，它为什么成立？它同实际有无联系？
笔者也在思考，费了不少时间，收获不少。

第3章 拉普拉斯变换

拉普拉斯变换，简称拉氏变换。刚讲过傅氏变换，为何要讲拉氏变换？因为后者年轻，更具活力。

傅氏变换的重要性毋庸置疑，不但揭示了函数 $f(t)$ 的频谱性质，还能用来求解微分方程和积分方程。对此，本书没有落墨，因为，一个函数 $f(t)$ 若具有傅氏变换，除要求满足狄利克雷条件，还应该绝对可积，尽管这些都非必要，但对函数 $f(t)$ 的限制仍然严格。弱化上述限制，非常必要。拉氏变换正是在这样的背景下应运而生的。

3.1 概述

前面说过，傅氏变换对函数 $f(t)$ 的限制严格，像正弦、余弦函数都不能满足绝对可积的条件，更不用说阶跃函数了！由此可见，人们常用的一些函数难于过关。幸好，有个指数衰减函数 $e^{-\lambda t}$，$\lambda > c > 0$，满足绝对可积的条件。往下，人们自然会想到，用函数 $e^{-\lambda t}$ 同不满足绝对可积的函数相乘得到的函数，比如 $e^{-\lambda t}\sin t$，$e^{-\lambda t}t$ 等，就会满足上述所有的条件了。因此，毫无疑问，可以直接就求上述函数的傅氏变换。例如函数

$$g(t) = e^{-\lambda t} \cdot t \tag{3-1}$$

的傅氏变换

$$G(\omega) = \int_{-\infty}^{\infty} e^{-\lambda t} \cdot t \cdot e^{-i\omega t} dt \ (\lambda > c > 0) \tag{3-2}$$

但是，上面的积分不收敛。问题出在何处？

仔细一看，原因在于：上面的积分是由两部分组成的

$$G(\omega) = \int_{-\infty}^{0} e^{-\lambda t} \cdot t \cdot e^{-i\omega t} dt + \int_{0}^{\infty} e^{-\lambda t} \cdot t \cdot e^{-i\omega t} dt$$

上式右边第一部分从 $-\infty$ 到 0 的积分显然不收敛，因为当 $t \to -\infty$ 时，函数 $e^{-\lambda t} \to \infty$。第二部分从 0 到 ∞ 的积分显然收敛。

问题找到了，解决的方法只有一条，抛弃从 $-\infty$ 到 0 的积分，只保留从 0 到 ∞ 的积分。

由此从上式得

$$G(\omega) = \int_0^\infty t e^{-(\lambda + i\omega)t} dt$$

$$= \frac{-t e^{-(\lambda + i\omega)t}}{\lambda + i\omega} \bigg|_0^\infty + \frac{1}{\lambda + i\omega} \int_0^\infty e^{-(\lambda + i\omega)t} dt$$

$$= \frac{1}{(\lambda + i\omega)^2}$$

有了上述结果，显然可知：一般的函数 $f(t)$ 乘以衰减因子 $e^{-\lambda t}(\lambda > c > 0)$ 之后，再求"单侧"从 0 到 ∞ 积分的傅氏变换是完全可行的。就是说，这样的"单侧"傅氏变换解除了绝对可积的限制，往往是存在的。

不难预见，上述"单侧"傅氏变换既是对傅氏变换的广义化，也孕育了一种新的变换，即拉普拉斯变换。

3.2 定义

前面说了，拉普拉斯变换脱胎于"单侧"傅氏变换，而区别于前者的有两点：引入新变量 $s = \lambda + i\omega$；只考虑函数 $f(t)$ 在 $t \geq 0$ 时的性质。一句话，函数 $f(t)$ 的拉氏变换就是函数

$$g(t) = f(t) \cdot e^{-\lambda t} \cdot H(t)$$

的"单侧"傅氏变换，且记 $\lambda + i\omega = s$。此外，为加深式中单位阶跃函数 $H(t)$ 的影响，特将函数 $e^{-\lambda t} \cdot t$ 同 $e^{-\lambda t} \cdot t \cdot H(t)$ 绘制出来，以便比较，如图 3-1 所示。

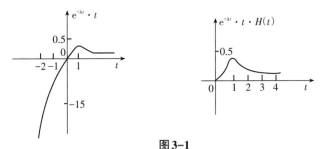

图 3-1

在定义拉普拉斯变换之前，为易于对照，现将傅氏变换的两个积分复述如下：

$$F(\omega) = \int_{-\infty}^\infty f(t) e^{-i\omega t} dt$$

$$f(t) = \frac{1}{2\pi} \int_{-\infty}^\infty F(\omega) e^{i\omega t} d\omega$$

在上列两个积分中，用变量 s 代替 $i\omega$，头一个积分改为"单侧"，只从 0 积到

∞，后一个积分的$\mathrm{d}\omega$改为$\mathrm{d}s$，得

$$F(s) = \int_0^\infty f(t)\mathrm{e}^{-st}\mathrm{d}t \tag{3-3}$$

$$f(t) = \frac{1}{2\pi\mathrm{i}}\int_{c-\mathrm{i}\infty}^{c+\mathrm{i}\infty} F(s)\mathrm{e}^{st}\mathrm{d}s \tag{3-4}$$

就（3-3）、（3-4）两个积分正好有两点说明。其中的变量s一般是复数，且实部$\mathrm{Re}\,s > c > 0$（c为常数）用以保证变量s的实部足够大到保证积分（3-3）收敛；第二个积分（3-4）的积分路线是在复平面上，如图3-2所示。

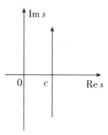

图3-2

定义3.1　由积分(3-3)给定的函数$F(s)$称为函数$f(t)$的拉普拉斯变换，简称拉氏变换；积分(3-4)称为拉普拉斯逆转积分，简称拉氏逆变换。两者分别用符号$\mathscr{L}$与$\mathscr{L}^{-1}$表示。

例3.1　求单位阶跃函数

$$H(t) = \begin{cases} 0, & \text{当}t < 0\text{时} \\ 1, & \text{当}t > 0\text{时} \end{cases}$$

的拉氏变换。

解　直接从拉氏变换的定义式(3-3)得

$$\mathscr{L}\left[H(t)\right] = \int_0^\infty 1 \cdot \mathrm{e}^{-st}\mathrm{d}t = -\frac{1}{s}\mathrm{e}^{-st}\Big|_0^\infty = \frac{1}{s}$$

作为验证，根据拉氏逆变换（3-4），有

$$H(t) = \frac{1}{2\pi\mathrm{i}}\int_{c-\mathrm{i}\infty}^{c+\mathrm{i}\infty} \frac{\mathrm{e}^{st}}{s}\mathrm{d}s$$

需要注意，积分上式必然涉及复变函数理论，非工科学习重点，暂且从略，留待下章讨论。

例3.2　试求单位脉冲函数

$$\delta(t-t_0) = \begin{cases} 0, & \text{当}t \neq t_0 > 0\text{时} \\ \infty, & \text{当}t = t_0\text{时} \\ \int_{\infty}^{\infty}\delta(t-t_0)\mathrm{d}t = 1 \end{cases}$$

的拉氏变换。

解 从拉氏变换的定义式（3-3），得

$$\mathscr{L}\left[\delta(t-t_0)\right]=\int_0^\infty \delta(t-t_0)\mathrm{e}^{-st}\mathrm{d}t=\mathrm{e}^{-st_0}$$

3.3 拉氏变换的性质

（1）线性性质

设 $\mathscr{L}\left[f_1(t)\right]=F_1(s)$，$\mathscr{L}\left[f_2(t)\right]=F_2(s)$，$a$ 和 b 都是常数，则

$$\mathscr{L}\left[af_1(t)+bf_2(t)\right]=aF_1(s)+bF_2(s)$$

$$\mathscr{L}^{-1}\left[F_1(s)+F_2(s)\right]=f_1(t)+f_2(t)$$

根据定义显然可见，拉氏变换是线性变换，上式是其必然具有的性质。

希望注意，分清线性和非线性十分重要。线性适用叠加原理，其数学表达式就是上列的第一个等式，而非线性则不适用。举例来说，请看如图3-3所示的电路：在图3-3（a）的电路上，加电压$V=2$伏特，根据欧姆定律，流过的电流

$$I=\frac{V}{R}=\frac{2}{5}=0.4\text{安培}$$

此后，再加2伏特，因此时电压V与电流I呈线性关系，据此有电流

$$I=0.4+0.4=0.8\text{安培}$$

此例简单，但相加（0.4+0.4）总比相除 $\frac{4}{5}$ 方便；再看图3-3（b），当$V=2$伏特时，流过电阻R的电流$I=0.4$安培，根据焦耳-楞次定律，其上消耗的能量

$$J=I^2R=0.4^2\times5=0.8\text{焦耳}$$

当电压V加倍，$V=4$伏特时，电阻R消耗的能量

$$J=0.8^2\times5=3.2\text{焦耳}$$

$$\neq(0.8+0.8)\text{焦耳}$$

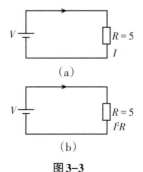

图3-3

可见，能量消耗 I^2R 因出现 I^2，对电流 I 来说是非线性的。

读到这里，请闭目思考一下，拉氏变换还应有哪些重要的性质？想不起来，可以复习一下傅氏变换的性质。对，拉氏变换至少应具备微分性质。

（2）微分性质

先不看书，自己回答拉氏变换的微分性质包含什么内容。如果答不上来，笔者的建议是：复习一下拉氏变换的定义：

$$F(s) = \int_0^\infty f(t)e^{-st}\mathrm{d}t$$

$$f(t) = \frac{1}{2\pi\mathrm{i}}\int_{c-\mathrm{i}\infty}^{c+\mathrm{i}\infty} F(s)e^{st}\mathrm{d}s$$

从上面第二个积分可见，拉氏变换的实质是将函数 $f(t)$ 变换为由函数 $F(s)e^{st}$ 组成的和式

$$f(t) \sim \sum_{s=-n}^{n} F(s)e^{st}$$

的极限状态。形式上对上式两边求对变量 t 的导数，看会得到什么样的结果？我们可以看到正是拉氏变换的微分性质，只差一点而已。

若 $\mathscr{L}\left[f(t)\right] = F(s)$ 存在，则

$$\mathscr{L}\left[f'(t)\right] = sF(s) - f(0)$$

证明 根据拉氏变换的定义

$$\begin{aligned}
\mathscr{L}\left[f'(t)\right] &= \int_0^\infty f'(t)e^{-st}\mathrm{d}t \\
&= f(t)e^{-st}\Big|_0^\infty + s\int_0^\infty f(t)e^{-st}\mathrm{d}t \\
&= sF(s) - f(0)
\end{aligned} \tag{3-5}$$

微分性质的证明十分容易，但结论却异常重要。想想看，函数 $f(t)$ 经拉氏变换为 $F(s)$ 后，其导数 $f'(t)$ 变换成了 $sF(s)$ ［设 $f(0)=0$］。究竟是求函数 $f(t)$ 的导数容易还是在其变换 $F(s)$ 上乘个 s 容易？当然是后者，而一切变换的真谛也在于此。今后即将介绍，借助上述微分性质求解常微分方程。

显然，微分性质（3-5）可以推广至一般情况，即

$$\mathscr{L}\left[f^{(n)}(t)\right] = s^n F(s) - s^{n-1}f(0) - \cdots - f^{(n-1)}(0) \tag{3-6}$$

当初值 $f(0) = f'(0) = \cdots = f^{(n-1)}(0) = 0$ 时，有

$$\mathscr{L}\left[f^{(n)}(t)\right] = s^n F(s) \quad (n = 1, 2, \cdots)$$

例3.3 试求函数 $\sin t$ 的拉氏变换。

解1 因已知

$$(\sin t)' = \cos t, \quad (\cos t)' = -\sin t, \quad (\sin t)'' = -\sin t$$

根据微分性质及上列最后等式，有

$$\mathscr{L}\left[(\sin t)''\right] = s^2 F(s) - s(\sin t)_{t=0} - (\sin t)'_{t=0}$$

$$= s^2 F(s) - 1 = -F(s) = \mathscr{L}\left[-\sin t\right]$$

简化后，得

$$\mathscr{L}\left[\sin t\right] = F(s) = \frac{1}{s^2 + 1}$$

解2　直接由定义得

$$\mathscr{L}\left[\sin t\right] = \int_0^\infty \sin t \, e^{-st} dt = \mathrm{Im}\int_0^\infty e^{it} \cdot e^{-st} dt$$

$$= \mathrm{Im}\left(\frac{e^{(i-s)t}}{i-s}\right)\Bigg|_0^\infty = \mathrm{Im}\left(-\frac{1}{i-s}\right)$$

$$= \frac{1}{s^2 + 1}$$

两种解法，难分伯仲。但是，凡遇到正弦、余弦函数的积分，建议用 $e^{i\omega t}$ 取代，然后取积分的虚部或实部，不易出错，且计算方便。

例3.4　试求指数函数 e^t 的拉氏变换。

解1　因已知

$$(e^t)' = e^t, \quad e^t\Big|_{t=0} = 1$$

根据微分性质，有

$$\mathscr{L}\left[e^t\right] = s\mathscr{L}\left(e^t\right) - 1$$

由上式，得

$$\mathscr{L}\left[e^t\right] = \frac{1}{s-1}$$

解2　直接由定义有

$$\mathscr{L}\left[e^t\right] = \int_0^\infty e^t e^{-st} dt = \frac{e^{(1-s)t}}{1-s}\Bigg|_0^\infty$$

$$= \frac{1}{s-1}$$

同解1的答案一样。

看完例3.4后，有个想法，是否存在函数 $f(t)$ 能满足如下的两个条件，即

$$f'(t) = f(t), \quad f(0) = 0$$

若存在这样的函数 $f(t)$，则根据微分性质应有

$$\mathscr{L}\left[f'(t)\right] = \mathscr{L}\left[f(t)\right], \quad sF(s) = F(s)$$

因 $s \neq 0$ ，上式矛盾。所以，不存在这样的函数。这种说法对不对？读者求解一下微分方程

$$\frac{\mathrm{d}f(t)}{\mathrm{d}t} = f(t), \ f(0) = 0$$

便可揭开谜底。

知道了拉氏变换具有微分性质，猜猜看，还应该具有什么性质？积分性质，因为微分与积分是相伴而生的。再猜猜看，积分性质包含什么内容？因为微分性质的实质是

$$\mathscr{L}\left[f'(t)\right] = s\mathscr{L}\left[f(t)\right] - f(0)$$

则积分性质似应为

$$\mathscr{L}\left[f(t)\right] = \frac{1}{s}\left(\mathscr{L}\left[f'(t)\right] + f(0)\right) \tag{3-7}$$

猜得对不对，请往下看。

（3）积分性质

若 $\mathscr{L}\left[f(t)\right] = F(s)$ 存在，则

$$\mathscr{L}\left[\int_0^t f(t)\mathrm{d}t\right] = \frac{1}{s}F(s) \tag{3-8}$$

例3.5 试求幂函数 $f(t) = t^n$（n 为大于 1 的正整数）的拉氏变换。

已知幂函数 t^n 的导数也是幂函数，且

$$\left(t^n\right)^{(n)} = n\left(t^{n-1}\right)^{(n-1)} = \cdots = n!, \ \left. t^n \right|_{t=0} = 0 \tag{3-9}$$

因此，求其拉氏变换既可用积分性质，也可用微分性质，如下所述。

解1 刚讲过积分性质，就先用它，有

$$\mathscr{L}\left[1\right] = \int_0^\infty 1 \cdot \mathrm{e}^{-st}\mathrm{d}t = -\left.\frac{\mathrm{e}^{-st}}{s}\right|_0^\infty = \frac{1}{s}$$

由于

$$t = \int_0^t 1\mathrm{d}t$$

根据积分性质，有

$$\mathscr{L}\left[t\right] = \frac{\mathscr{L}\left[1\right]}{s} = \frac{1}{s^2}$$

由于

$$t^2 = 2\int_0^t t\mathrm{d}t$$

又有

$$\mathscr{L}\left[t^2\right] = 2\frac{\mathscr{L}\left[t\right]}{s} = \frac{2}{s^3}$$

从以上结果不难推知

$$\mathscr{L}\left[t^n\right] = \frac{n!}{s^{n+1}}$$

解2 利用微分性质及等式（3-9），有

$$\mathscr{L}\left[t\right] = s\mathscr{L}\left[1\right] = \frac{1}{s^2}$$

$$\mathscr{L}\left[t^2\right] = s\mathscr{L}\left[2t\right] = \frac{2}{s^3}, \quad \mathscr{L}\left[t^3\right] = s\mathscr{L}\left[3!t\right] = \frac{3!}{s^4}$$

从以上结果不难推知

$$\mathscr{L}\left[t^n\right] = \frac{n!}{s^{n+1}}$$

上述两种解法如出一辙，犹如微分与积分，互为表里。

写到这里，忽然想起我们对积分性质的猜想［式（3-7）］和教科书上的结论［式（3-8）］不尽相同。难道我们的猜想错了？孰是孰非，还是让实例说话。

例3.6 试求函数 $f(t) = \mathrm{e}^t$ 的拉氏变换。

解 显然可知，指数函数按积分性质中的证明，有

$$\int_0^t \mathrm{e}^t \mathrm{d}t = \mathrm{e}^t$$

据此，根据积分性质得

$$\mathscr{L}\left[\mathrm{e}^t\right] = \frac{\mathscr{L}\left[\mathrm{e}^t\right]}{s}$$

上式一看就有问题，因为 $\mathscr{L}\left[\mathrm{e}^t\right]$ 不可能等于零，经化简后，变成 $1 = \frac{1}{s}$，矛盾。

例3.7 试求函数 $f(t) = \cos t$ 的拉氏变换。

解 已知

$$\cos t = \int(-\sin t)\mathrm{d}t$$

根据积分性质，有

$$\mathscr{L}\left[\cos t\right] = \frac{\mathscr{L}\left[-\sin t\right]}{s} = \frac{1}{s}\left(-\frac{1}{s^2+1}\right) = \frac{-1}{s(s^2+1)}$$

但是在例3.3中

$$\mathscr{L}\left[\sin t\right] = \frac{1}{s^2+1}$$

而 $(\sin t)' = \cos t$，根据微分性质应为

$$\mathscr{L}\left[\cos t\right] = s\mathscr{L}\left[\sin t\right] = \frac{s}{s^2+1}$$

两个关于 $\mathscr{L}[\cos t]$ 的答案互不相同，又出现了问题。

从例 3.6 和例 3.7 的结果来看，教科书上的积分性质值得怀疑。回头再来看我们对积分性质的猜想［式（3-7）］：

$$\mathscr{L}[f(t)] = \frac{1}{s}\big(\mathscr{L}[f'(t)] + f(0)\big)$$

上式等同于

$$\dot{\mathscr{L}}\left[\int f(t)\mathrm{d}t\right] = \frac{1}{s}\big(\mathscr{L}[f(t)] + g(0)\big) \tag{3-10}$$

现在就用我们猜想的积分性质求例 3.6 中函数 $f(t) = e^t$ 的拉氏变换，根据式（3-10），有

$$\mathscr{L}[e^t] = \frac{1}{s}\left(\mathscr{L}[e^t] + e^t\Big|_{t=0}\right)$$
$$= \frac{1}{s}\left(\frac{1}{s-1} + 1\right) = \frac{1}{s-1}$$

答案是正确的。

同样，再求例 3.7 中函数 $f(t) = \cos t$ 的拉氏变换，根据式（3-10）有

$$\mathscr{L}[\cos t] = \frac{1}{s}\left(\mathscr{L}\left[\int(-\sin t)\mathrm{d}t\right] + \cos t\Big|_{t=0}\right)$$
$$= \frac{1}{s}\left(-\frac{1}{s^2+1} + 1\right) = \frac{s}{s^2+1}$$

答案是正确的。

例 3.6 和例 3.7 一致证实我们的猜想［式（3-10）］是对的，而教科书上关于拉氏变换积分性质的论断存在瑕疵。毛病出在哪里？请看教科书对积分性质的证明，根据分部积分法，有

$$\mathscr{L}\left[\int_0^t f(u)\mathrm{d}u\right] = \int_0^\infty e^{-st}\mathrm{d}t\int_0^t f(u)\mathrm{d}u$$
$$= \left[-\frac{1}{s}e^{-st}\int_0^t f(u)\mathrm{d}u\right]_0^\infty + \int_0^\infty \frac{1}{s}e^{-st}f(t)\mathrm{d}t \tag{3-11}$$

式（3-11）右端第 1 项等于零，因此

$$\mathscr{L}\left[\int_0^t f(u)\mathrm{d}u\right] = \frac{1}{s}\mathscr{L}[f(t)]$$

从以上证明可见，它认定等式（3-11）右端第一项等于零，像幂函数 $f(t) = t^n$，$(t^n)_{t=0} = 0$ 满足这样的条件，积分性质成立。但是，像指数函数 $f(t) = e^t$，余弦函数 $f(t) = \cos t$ 都不满足这样的条件，积分性质显然不能成立。改正的办法也很简单。恕笔者冒昧，在考虑初值的情况下提出：

新积分性质 设有函数 $f(t)$，其不定积分

$$\int f(t)\mathrm{d}t = g(t) + C$$

式中，C 为积分常数，则其积分的拉氏变换

$$\mathscr{L}\left[\int_0^t f(t)\mathrm{d}t\right] = \frac{1}{s}\left(\mathscr{L}\left[f(t)\right] + g(0)\right) \tag{3-12}$$

原有的积分性质出现差错，可能是头一个作者一时疏忽，只证明了其中的一个特例，即 $g(0) = 0$ 的特例，后来的作者又迷信书本，以致以讹传讹，时至今日。写到此处，不禁想到一位大师，他说，治学之道应是"无疑处有疑"。谨录于此，同读者共享。

拉氏变换具有不少性质，下面再列举几条。若记 $\mathscr{L}\left[f(t)\right] = F(s)$，则

$$\mathscr{L}\left[f(at)\right] = \frac{1}{a}F\left(\frac{s}{a}\right) \tag{3-13}$$

$$\mathscr{L}\left[tf(t)\right] = -F'(s) \tag{3-14}$$

$$\mathscr{L}\left[\frac{f(t)}{t}\right] = \int_s^\infty F(s)\mathrm{d}s \tag{3-15}$$

上列性质证明不难，本书从略，但对工科读者，建议一遇到新的数学结论，先进行思考：为什么会有这样的结论？

3.4 卷积

3.4.1 概述

卷积是什么？一言难尽，看似抽象，却很具体。读者可能不信，请看完下面的例子后，再谈看法。

在引入单位脉冲函数 $\delta(t)$ 时，曾讲过吃馒头的例子。这里再讲一次，但吃法变了，不是一口吞下，而是不断地细嚼慢咽。整个馒头共重 50 克，一个人吃了足足 10 分钟，具体情况如图 3-4（a）所示。从图上可见，馒头并非匀速

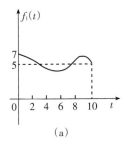

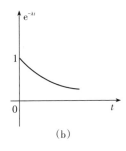

图3-4

地进入胃里，头一分钟是平均约7克，而后随时间变化，如曲线所示，到第10分钟结束。一经吃完，他马上想到一个问题：原来馒头计重50克，现在我的胃里究竟还剩多少克？一同进餐的诸君竟无言以对。

一位数学家事后听说无人能对上述问题给出正确的答案，笑道："这有何难，不就是'卷积'嘛。"卷积是什么意思？其定义如下。

定义 3.2 设有两个函数 $f_1(t)$ 和 $f_2(t)$，则积分

$$g(x) = \int_{-\infty}^{\infty} f_1(t) f_2(x-t) \mathrm{d}t \qquad (3\text{-}16)$$

称为函数 $f_1(t)$ 和 $f_2(t)$ 的卷积，记作 $f_1(t)*f_2(t)$。

知道了卷积，可以来回答上述问题了。但在回答之前，要作个假设：馒头在胃里的消化是按指数函数

$$f_2(t) = \mathrm{e}^{-\lambda t} \qquad (3\text{-}17)$$

递减的，式中 $\lambda > 0$，是个常数，λ 越大，消化能力越强，反之越弱。函数 $f_2(t)$ 的曲线如图3-4（b）所示。

这里需要说一个实用的概念：多数事物变化的速度增加或者衰减，是与其自身的大小成比例的。量化之后为

$$\frac{\mathrm{d}y(t)}{\mathrm{d}t} = \lambda y(t) \qquad (3\text{-}18)$$

式中，函数 $y(t)$ 代表某一事物在时刻 t 的大小，λ 是个常数，大于零表示事物在增长，小于零表示在减少。从上式得

$$y(t) = y(0)\mathrm{e}^{\lambda t}$$

这与刚才我们假设的馒头在胃里消化的表达式是相符的。

一切就绪，现在可以回答馒头在吃进胃里10分钟后究竟还剩多少的问题了。为此，分述如下：

① 馒头并非一口吞下，是连续被吃进胃里的，因此每一克馒头在胃里消化的时间各不相同。

② 设吃第一口馒头的时间为 $t=0$，吃下的量为 $f_1(0)$ ［参见图3-4（a）］，10分钟后，经过消化还余留在胃里的馒头量按指数递减式（3-17）应为 $f_1(0)\mathrm{e}^{-10\lambda}$，在 $t=1$ 时吃下的馒头为 $f_1(1)$，经过9分钟的消化，余留的馒头量则应为 $f_1(1)\mathrm{e}^{-\lambda(10-1)}$，并以此类推。

③ 同理可知，在任一时刻 $t(t \leqslant 10)$ 吃下的馒头量为 $f_1(t)$，而在 $t=10$ 时余留的馒头量为 $f_1(t)\mathrm{e}^{-\lambda(10-t)}$。由于吃馒头的过程是从 $t=0$ 开始，到 $t=10$ 结束的，根据上述分析，显然可知所论问题的答案，则10分钟后余留在胃里的馒

头量为

$$g(10) = \int_0^{10} f_1(t) e^{-\lambda(10-t)} dt \tag{3-19}$$

请注意，式（3-19）就是函数 $f_1(t)$ 和函数 $e^{-\lambda t}$ 的卷积 $f_1(t)*e^{-\lambda t}$，在将它同卷积（3-16）比较之后，读者可能还存有疑虑。释疑之前，让我们先把吃馒头的问题讲完。

为具体起见，假设整个馒头是匀速地在10分钟内被吃完的，即每分钟吃5克，这时

$$f_1(t) = 5, \quad 0 \le t \le 10$$

再设 $\lambda = 1$，则由式(3-19)得

$$g(10) = \int_0^{10} 5 e^{-t} dt = 5(1 - e^{-10}) \approx 5$$

答案出来了，胃里余留的馒头约为5克，是整个馒头的 $\dfrac{1}{10}$。如果用1分钟吃完馒头，则

$$g(1) = \int_0^1 50 e^{-t} dt = 50(1 - e^{-1}) \approx 34$$

胃里余留的馒头约为34克，是整个馒头的 $\dfrac{2}{3}$。两相对比，是狼吞还是慢咽，优劣自见。

虚构一个故事，传说女娲用五色石补天，费时万年，请回答再过万年之后，补天的色彩如何？若用卷积求解此题，则积分的上下限为万年。干脆，将积分上下限改成无穷大，任何情况都能适用，于是有了现在的卷积

$$f_1(t)*f_2(t) = \int_{-\infty}^{\infty} f_1(t) f_2(x-t) dt$$

很多工程实际问题同吃馒头的例子如出一辙，卷积的重要性在于为分析和解决工程问题提供了明晰的思路。现举例说明如下。

例3.8　如图3-5所示，由电感和电阻串联而成的电路，外加电压为 $v(t)$，试求电路中的电流 $i(t)$。

此例存在两个看点：一是用拉氏变换求解线性微分方程的优越性；二是用卷积概念分析线性系统问题的清晰性。因此，有解1和解2两种解法。

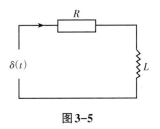

图3-5

解1 设外加电压为单位脉冲,即 $v(t)=\delta(t)$。如图 3-5 所示。此时由电工原理可知,电流 $i(t)$ 服从如下一阶微分方程

$$L\frac{\mathrm{d}i}{\mathrm{d}t}+Ri=\delta(t) \tag{3-20}$$

方程两边同时取拉氏变换,得

$$Li(s)+Ri(s)=1$$

在得到上式的过程中,用到了拉氏变换的线性性质和微分性质。另外, $i(s)$ 是 $i(t)$ 的拉氏变换,等式右边的 1 是脉冲函数 $\delta(t)$ 的拉氏变换,在例 3.2 中已知 $\mathscr{L}\left[\delta(t-t_0)\right]=\mathrm{e}^{-st_0}$,据此

$$\mathscr{L}\left[\delta(t-t_0)\right]\Big|_{t_0=0}=\mathscr{L}\left[\delta(t)\right]=\mathrm{e}^{-st_0}\Big|_{t_0=0}=1$$

再有,在加脉冲电压 $\delta(t)$ 之前,电路中没有电流,因此在方程(3-20)里不存在初始电流 $i(0)$。

从方程(3-20)直接可得电流 $i(t)$ 的拉氏变换

$$i(s)=\frac{1}{Ls+R}=\frac{1}{L}\cdot\frac{1}{s+R/L}$$

同例 3.4 的结果

$$\mathscr{L}\left[\mathrm{e}^t\right]=\frac{1}{s-1}$$

对比,易知(参考本章末的拉氏变换表)

$$i(t)=\frac{1}{L}\mathrm{e}^{-\frac{Rt}{L}} \tag{3-21}$$

此例简单而且典型,对用拉氏变换求解线性常微分方程的步骤展示无遗,并提示读者:一个线性常微分方程在脉冲函数 $\delta(t)$ 的作用下其解必然是指数函数的线性组合。

解2 此时的电路方程为

$$L\frac{\mathrm{d}i}{\mathrm{d}t}+Ri=v(t) \tag{3-22}$$

$v(t)$ 是外加电压。若设

$$\mathscr{L}\left[v(t)\right]=v(s)$$

则从上式可得

$$i(s)=\frac{1}{Ls+R}v(s) \tag{3-23}$$

当 $v(s)$ 存在具体的表达式时,如

$$v(s)=\frac{s}{(s+1)(s^2+s+1)}$$

可以先用部分分式法将式（3-23）展成分式，查拉氏变换表求出 $i(t)$ 的解。或者可以借助卷积，如下所述。

　　设电压 $v(t)$ 的曲线如图 3-6（a）所示。电路在脉冲电压 $\delta(t)$ 作用下的解如图 3-6（b）所示。

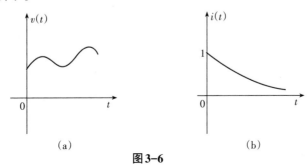

（a）　　　　　　　　　　　　　　　（b）

图 3-6

　　有了以上说明，现在开始求方程（3-22）的解，其思路同吃馒头的例子一模一样。假想图 3-6（a）的电压 $v(t)$ 曲线如同吃馒头的曲线，图 3-6（b）的曲线是消化馒头的曲线。

　　在 $t=0$ 时，电路图 3-5 加上电压 $v(t)$，需要计算在 $t=10$ 分钟时，电路的电流 $i(10)$。试想一下，在 $t=0$ 时的脉冲电压 $v(0)$（如同吃的头一口馒头）等过了 10 分钟后在电路中引发的电流是多少？参见式（3-21）应该是 $i(10)=v(0)\dfrac{1}{L}\mathrm{e}^{-\frac{10R}{L}}$。同理，在 $t=1$ 时，电压 $v(1)$ 过了 9 分钟后在电路中引发的电流应该是 $i(10)=v(1)\dfrac{1}{L}\mathrm{e}^{-\frac{(10-1)R}{L}}$。显然，根据卷积的定义，当 $t=0$ 时，电路加上电压 $v(t)$ 的 10 分钟后其中流过的电流

$$i(10)=\int_0^{10} v(t)\frac{1}{L}\mathrm{e}^{\frac{-(10-t)R}{L}}\mathrm{d}t$$

不言而喻，上式不仅适用于 $t=10$，对任何时刻 x 也可一般化为

$$i(x)=\int_0^{x} v(t)\frac{1}{L}\mathrm{e}^{\frac{-(x-t)R}{L}}\mathrm{d}t \tag{3-24}$$

式（3-24）中，$i(x)$ 表示 $t=x$ 时的电流。

　　到此，问题已经解决，但有必要说明：

　　对比式（3-23）和式（3-24），易知

$$\mathscr{L}\big[i(x)\big]=i(s)$$

这就是说，$i(s)$ 的拉氏逆变换便是积分（3-24）所表示的电流。

　　例 3.9　电路如图 3-5 所示，为简化计算，设其中的电感 $L=1$ 亨利，电阻 $R=1$ 欧姆，外加电压 $v(t)=t$，试求流过电路的电流 $i(t)$。

解1 据电工原理，此时有

$$\frac{\mathrm{d}i}{\mathrm{d}t} + i = t \tag{3-25}$$

对上式两边取拉氏变换，得

$$si(s) + i(s) = \frac{1}{s^2} \quad \left[\frac{1}{s^2} = \mathscr{L}[t]，见例3.5\right]$$

由此可知电流 $i(t)$ 的拉氏变换

$$i(s) = \frac{1}{(s+1)s^2} \tag{3-26}$$

为求其逆变换 $i(t)$，必须将上式右端分解成简单分式。设

$$\frac{1}{(s+1)s^2} = \frac{a}{s+1} + \frac{bs+c}{s^2} \tag{3-27}$$

其中 a、b 和 c 是待定常数。利用部分分式法求待定常数的手段，有

$$a = (s+1)\left[\frac{1}{(s+1)s^2} - \frac{bs+c}{s^2}\right]\Bigg|_{s=-1}$$

$$= (s+1)\left[\frac{1}{(s+1)s^2}\right]\Bigg|_{s=-1} = 1$$

在式（3-27）两端，令 $s \to \infty$，有

$$\frac{1}{s^3}\Bigg|_{s \to \infty} = \left(\frac{a}{s} + \frac{b}{s}\right)\Bigg|_{s \to \infty} = 0$$

据上式可知，$a+b=0$，$b=-a=-1$。再令 $s \to 0$，又有

$$\frac{1}{s^2}\Bigg|_{s \to 0} = \left(a + \frac{c}{s^2}\right)\Bigg|_{s \to 0}$$

据此可知 $c=1$。综上所述，得

$$i(s) = \frac{1}{(s+1)s^2} = \frac{1}{s+1} + \frac{-s+1}{s^2} = \frac{1}{s+1} - \frac{1}{s} + \frac{1}{s^2}$$

再求上式的拉氏逆变换，则得方程（3-25）的解

$$i(t) = \mathscr{L}^{-1}[i(s)] = \mathscr{L}^{-1}\left[\frac{1}{s+1}\right] + \mathscr{L}^{-1}\left[\frac{-1}{s}\right] + \mathscr{L}^{-1}\left[\frac{1}{s^2}\right]$$

$$= e^{-t} - 1 + t \tag{3-28}$$

借此机会附带说明一下，就此例而言，求部分分式的待定系数宜用比较系数法，将式（3-27）右方通分后，有

$$\frac{1}{(s+1)s^2} = \frac{(a+b)s^2 + (b+c)s + c}{(s+1)s^2}$$

比较上式分子的系数，得

$$a + b = 0, \ b + c = 0, \ c = 1$$

由此可知

$$a = 1, \ b = -1, \ c = 1$$

这同前面的结果完全一样，但更简单。此外，在式（3-27）两边同乘以 s^2，并令 $s = 0$，立即可得 $c = 1$，这更简单。总之，求待定系数的技巧多种多样，有兴趣的读者可以参考一下拙著《高数笔谈》。

解 2 前面用的是拉氏变换解法，下面要用卷积解法，证实两者是一致的。

根据卷积的含义，方程(3-25)的解就是积分（3-24）的解

$$i(x) = \int_0^x t e^{-(x-t)} \mathrm{d}t$$
$$= \int_0^x e^{-x} t e^t \mathrm{d}t = e^{-x} \left[e^t (t-1) \right] \Big|_0^x$$
$$= e^{-x} \left[e^x (x-1) - (-1) \right] = e^{-x} + x - 1$$

上式与解1中的式（3-28）完全一样，证实了我们的说法，对以后理解卷积的一项性质很有益处。

当包含的函数相对比较复杂时，卷积的计算将变得十分困难，甚至可能无法进行到底。因此，如有其他选项，一般不用卷积。但是，它至少提供了一种形式上的解，且在其他解法束手无策时，可用来求近似的解。

3.4.2 卷积的性质

卷积的主要性质有如下三条：

（1）结合律

$$f_1(t) * \left(f_2(t) * f_3(t) \right) = \left(f_1(t) * f_2(t) \right) * f_3(t)$$

（2）分配律

$$f_1(t) * \left(f_2(t) + f_3(t) \right) = f_1(t) * f_2(t) + f_1(t) * f_3(t)$$

（3）交换律

$$f_1(t) * f_2(t) = f_2(t) * f_1(t)$$

以上性质的证明都很容易，留给读者，但要对交换律多说几句。实际上，其积分形式为

$$\int_{-\infty}^{\infty} f_1(t) f_2(x-t) \mathrm{d}t = \int_{-\infty}^{\infty} f_2(t) f_1(x-t) \mathrm{d}t \tag{3-29}$$

试设想，函数 $f_1(t)$ 和 $f_2(t)$ 的图形如图3-7所示，请问下面的等式

$$f_1(1) f_2(x) + f_1(2) f_2(x-1) + \cdots + f_1(x) f_2(1) = f_2(1) f_1(x) + f_2(2) f_1(x-1) + \cdots + f_2(x) f_1(1)$$

是否成立？能否像将傅氏级数转化为傅氏积分那样把上列等式转化为两个积分？如果能的话，得到的结果是不是就证实了交换律式（3-29）？

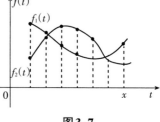

图3-7

刚才提出的问题的答案全是肯定的，这实际上正是交换律的直观解释。希望工科读者予以完全理解，如果自己能想个例子，像吃馒头之类的则收效更丰。

3.4.3　卷积定理

设函数 $f_1(t)$ 和 $f_2(t)$ 存在拉氏变换

$$\mathscr{L}\left[f_1(t)\right] = F_1(s),\quad \mathscr{L}\left[f_2(t)\right] = F_2(s)$$

则其卷积的拉氏变换

$$\mathscr{L}\left[f_1(t){*}f_2(t)\right] = F_1(s)F_2(s) \tag{3-30}$$

上述结果称为卷积定理，若写成积分形式

$$\mathscr{L}\left[\int_0^t f_1(u)f_2(t-u)\mathrm{d}t\right] = F_1(s)F_2(s) \tag{3-31}$$

则大家应该记忆犹新。在上一节，我们对比过等式（3-23）和（3-24），得到

$$\mathscr{L}\left[i(x)\right] = i(s) \tag{3-32}$$

这事实上已经是特殊情况下的卷积定理了。为了加深印象，再作一般性的解说如下。

试用拉氏变换法求解方程

$$\frac{\mathrm{d}^2 i}{\mathrm{d}t^2} + a_1\frac{\mathrm{d}i}{\mathrm{d}t} + a_2 i = v(t) \tag{3-33}$$

这是一个常系数线性二阶微分方程，其原型是一个由电感 L、电容 C 和电阻 R 串联组成的电路，如图3-8所示。求电路在外加电压 $v(t)$ 的作用下流经电路的电流 $i(t)$，现分步阐述如下。

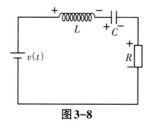

图3-8

① 设 $v(t)=\delta(t)$，此时方程（3-33）化为

$$\frac{\mathrm{d}^2\bar{i}}{\mathrm{d}t^2}+a_1\frac{\mathrm{d}\bar{i}}{\mathrm{d}t}+a_2\bar{i}=\delta(t)$$

对上式两边取拉氏变换，得

$$s^2\bar{i}(s)+a_1s\bar{i}(s)+a_2\bar{i}(s)=1$$

式中 $\bar{i}(s)=\mathscr{L}\left[\bar{i}(t)\right]$，由此可求出

$$\bar{i}(s)=\frac{1}{s^2+a_1s+a_2}$$

求式（3-34）的逆变换，就是脉冲电压 $\delta(t)$ 在电路中引发的电流，记为 $\bar{i}(t)$，即

$$\mathscr{L}^{-1}\left[\frac{1}{s^2+a_1s+a_2}\right]=\mathscr{L}^{-1}\left[\bar{i}(s)\right]=\bar{i}(t)$$

② 记外加电压 $v(t)$ 的拉氏变换为 $v(s)$，则对方程

$$\frac{\mathrm{d}^2i}{\mathrm{d}t^2}+a_1\frac{\mathrm{d}i}{\mathrm{d}t}+a_2i=v(t)$$

取拉氏变换并经简单整理后，得

$$i(s)=\frac{1}{s^2+a_1s+a_2}v(s) \tag{3-34}$$

求式（3-34）的逆变换，就是外加电压 $v(t)$ 在电路中引发的电流，记为 $i(t)$，即

$$\mathscr{L}^{-1}\left[\frac{1}{s^2+a_1s+a_2}v(s)\right]=\mathscr{L}^{-1}\left[i(s)\right]=i(t)$$

③ 参阅例3.8中解2的分析，根据卷积的定义，可知 $i(t)$ 就是外加电压 $v(t)$ 和由脉冲电压 $\delta(t)$ 所引发的电流 $\bar{i}(t)$ 两者的卷积

$$i(t)=\int_0^t v(u)\bar{i}(t-u)\mathrm{d}u=v(t)*\bar{i}(t) \tag{3-35}$$

综合式（3-34）和式（3-35），显然

$$\begin{aligned}\mathscr{L}\left[i(t)\right]&=\mathscr{L}\left[\bar{i}(t)*v(t)\right]\\&=i(s)=\frac{1}{s^2+a_1s+a_2}v(s)\end{aligned} \tag{3-36}$$

式（3-36）实际上正是卷积定理。

卷积定理的数学证明在教材里有详细的推导，本书不需赘言。以上阐述作为"工程证明"无懈可击，提供给工科读者，在读书或学习时参考。

再多说几句，笔者有个习惯：问题得到解决后，必须验证。将解代回原来的等式或不等式，看是否满足，这固然不错，但有时麻烦。宜于先查看特殊情况，如上列各例必须满足初始条件：$i(0)=0$；在常见的电路中，如果外加电压持续时间有限，则当 $t\to\infty$ 时，电流应趋于零。否则，答案必然有错，一定

要找出错在何处，以利于培养自己的运算和判断能力。

3.5　拉氏变换的应用

拉氏变换用途广泛，常见的有两大方面：一是求解微分方程，主要是线性方程，包括偏微分方程；二是用作对线性系统的分析，以系统各组成单位的传递函数形式出现，方便实用，不可或缺。

前面讨论过许多例子，其实都是用拉氏变换求解常系数线性微分方程，但强调不够，现在再举两个例子，予以较完全的论述。

例 3.10　设有电路如图 3-8 所示，试求在电路静态下外加电压 $v(t) = E\sin\omega t$ 时，流入电路的电流 $i(t)$。

解　根据电工原理，存在如下方程

$$L\frac{\mathrm{d}i}{\mathrm{d}t} + Ri + \frac{1}{C}\int_0^t i(t)\mathrm{d}t = E\sin\omega t \tag{3-37}$$

式中：$L\dfrac{\mathrm{d}i}{\mathrm{d}t}$ 是电感上的电动势，方向如图 3-8 所示；Ri 是电阻上的电压降，方向如图 3-8 所示；$\dfrac{1}{C}\int_0^t i(t)\mathrm{d}t$ 是电容上的电压，方向如图 3-8 所示。三者之和正好等于外加电压 $E\sin\omega t$，其引发的电流 $i(t)$ 现用拉氏变换分步求解如下。

① 记 $i(t)$ 的拉氏变换 $\mathscr{L}[i(t)] = i(s)$，对方程（3-37）两端取拉氏变换，得

$$Lsi(s) + Ri(s) + \frac{i(s)}{Cs} = E\frac{\omega}{s^2 + \omega^2}$$

上式右端是外加电压 $E\sin\omega t$ 的拉氏变换，在加电压前电路处于静态，所以没有初始电流 $i(0)$ 等项。将上式略加整理，则可求出电流 $i(t)$ 的拉氏变换

$$i(s) = \frac{s}{LCs^2 + RCs + 1} \cdot \frac{EC\omega}{s^2 + \omega^2}$$

下一步就是求上式的逆变换，得出电流 $i(t)$。

② 为具体起见并不失一般性，设 $E = 10$ 伏特，$\omega = 2$ 弧度，$L = 3$ 亨利，$R = 4$ 欧姆，$C = 1$ 法拉，则上式化为

$$i(s) = \frac{s}{3s^2 + 4s + 1} \cdot \frac{20}{s^2 + 4} = \frac{20s}{(3s+1)(s+1)(s^2+4)} \tag{3-38}$$

为求逆变换，这一步是关键：将式（3-38）右边的分式化为简单分式，具体做法如下。

● 将复杂分式写成分母为一次式或二次式的简单分式之和，且分母比分子次数高一次：

$$\frac{20s}{(3s+1)(s+1)(s^2+4)}=\frac{a}{3s+1}+\frac{b}{s+1}+\frac{cs+d}{s^2+4} \tag{3-39}$$

其中，a，b，c，d 是待定常数。

● 求待定系数存在多种方法，建议在求分母为一次式，如上式中的简单分式

$$\frac{a}{3s+1}, \quad \frac{b}{s+1}$$

的待定系数 a 或 b 时，先用分母 $3s+1$ 或 $s+1$ 乘等式两端，接着令该分母 $3s+1=0$ 或 $s+1=0$，例如

$$(3s+1)\cdot\frac{20s}{(3s+1)(s+1)(s^2+4)}=(3s+1)\left(\frac{a}{3s+1}+\frac{b}{s+1}+\frac{cs+d}{s^2+4}\right)$$

在上式两边令 $3s+1=0$，$s=-\frac{1}{3}$，得

$$\left.\frac{20s}{(s+1)(s^2+4)}\right|_{s=-\frac{1}{3}}=a+(3s+1)\left.\left(\frac{b}{s+1}+\frac{cs+d}{s^2+4}\right)\right|_{s=-\frac{1}{3}}$$

由此有

$$a=\frac{20\times\left(-\frac{1}{3}\right)}{\left(-\frac{1}{3}+1\right)\left[\left(-\frac{1}{3}\right)^2+4\right]}=-\frac{90}{37}$$

同理

$$b=\left.\frac{20s}{(3s+1)(s^2+4)}\right|_{s=-1}=2$$

求余下两个待定系数可以用"令 s 取特殊值"的办法，比如求待定系数 d，令等式（3-39）两边的 $s=0$，有

$$0=a+b+\frac{d}{4}$$

由此得

$$d=-4(a+b)=-4\times\left(-\frac{90}{37}+2\right)=\frac{64}{37}$$

为求待定系数 c，令等式（3-39）两边的 $s\to\infty$，有

$$0=\lim_{s\to\infty}\left(\frac{a}{3s}+\frac{b}{s}+\frac{c}{s}\right)=\lim_{s\to\infty}\frac{1}{s}\left(\frac{a}{3}+b+c\right)$$

从上式可知

$$\frac{a}{3}+b+c=0$$

$$c = -\frac{1}{3}(a + 3b) = -\frac{1}{3} \times \left(-\frac{90}{37} + 6\right) = -\frac{44}{37}$$

将其代入等式（3-39），最后得

$$\frac{20s}{(3s+1)(s+1)(s^2+4)} = -\frac{90}{37(3s+1)} + \frac{2}{s+1} - \frac{44s-64}{37(s^2+4)} \tag{3-40}$$

到此，请注意两件事。一是想想看，计算部分分式的待定系数还有无更方便的办法？既然求分母为一次式的待定系数（例3.10中的 a 和 b）如此简单，那么在求分母为二次式的待定系数时照章处理行不行呢？不妨一试。

在等式（3-39）两边同时乘以 s^2+4，并令 $s^2+4=0$，有

$$(s^2+4)\frac{20s}{(3s+1)(s+1)(s^2+4)}\bigg|_{s^2+4=0} = (s^2+4)\left(\frac{a}{3s+1} + \frac{b}{s+1} + \frac{cs+d}{s^2+4}\right)\bigg|_{s^2+4=0}$$

取 $s=2\mathrm{i}$，满足 $s^2+4=0$ 的条件，代入上式，得

$$\frac{40\mathrm{i}}{(6\mathrm{i}+1)(2\mathrm{i}+1)} = 2c\mathrm{i}+d$$

将上式左端化简，实部同虚部分开，得

$$\frac{-440\mathrm{i}+320}{185} = 2c\mathrm{i}+d$$

由此知

$$c = -\frac{44}{37}, \quad d = \frac{64}{37}$$

这与刚才的结果完全吻合，两种做法孰优孰劣，得视具体情况而定。

再者是，计算待定系数一不小心就会出错，对所得到的结果必须核实。方法很多，最安全的方法是将已化简的分式通分，比较分子的系数。就例3.10而论，则有

$$\frac{20s}{(3s+1)(s+1)(s^2+4)}$$
$$= \frac{a}{3s+1} + \frac{b}{s+1} + \frac{cs+d}{s^2+4}$$
$$= \frac{(a+3b+3c)s^3 + (a+b+3d+4c)s^2 + (4a+12b+c+4d)s + (4a+4b+d)}{(3s+1)(s+1)(s^2+4)}$$

比较分子的系数应有

$$a+3b+3c=0, \quad a+b+3d+4c=0$$
$$4a+12b+c+4d=20, \quad 4a+4b+d=0$$

其实，联立求解上列4个方程就能求出4个待定系数。但是，这种方法工作量太大，非特殊场合，不宜使用。建议采取令 s 取特定值的做法，如取 $s=0$ 代入等式（3-40）两边，看等式是否成立：

$$\left. \frac{20s}{(3s+1)(s+1)(s^2+4)} \right|_{s=0} = \left. \left[-\frac{90}{37(3s+1)} + \frac{2}{s+1} - \frac{44s-64}{37(s^2+4)} \right] \right|_{s=0}$$

即

$$0 = -\frac{90}{37} + 2 + \frac{64}{37 \times 4} = 0$$

从上式看，等式成立，没有矛盾。因为在求待定系数 d 时，曾用过 $s=0$，没有矛盾并不意外。为稳妥起见，再令 $s=1$，并代入等式（3-40）两边，得

$$\frac{20}{4 \times 2 \times 5} = -\frac{90}{37} \times \frac{1}{4} + 1 - \frac{44-64}{37 \times 5}$$

$$\frac{1}{2} = \frac{1}{37} \times \left(-\frac{90}{4} - \frac{-20}{5} \right) + 1 = \frac{1}{2}$$

没有出现矛盾。依此可以断定：部分分式的展开式是正确的。

● 最后一步是求方程（3-37）的解，即电路中的电流 $i(t)$，这也就是求其拉氏变换 $i(s)$ 的逆变换，从等式（3-38）可知

$$\mathscr{L}^{-1}[i(s)] = \mathscr{L}^{-1}\left[\frac{20s}{(3s+1)(s+1)(s^2+4)} \right]$$

根据部分分式展开式，查拉氏变换表直接有

$$i(t) = -\frac{30}{37}\mathrm{e}^{-\frac{t}{3}} + 2\mathrm{e}^{-t} - \frac{44}{37}\cos 2t + \frac{32}{37}\sin 2t \tag{3-41}$$

得到问题的解后，必须核实，但先要声明一下，本书并不假定读者都学过电工原理，上面的解实际是方程

$$3\frac{\mathrm{d}^2 i}{\mathrm{d}t^2} + 4\frac{\mathrm{d}i}{\mathrm{d}t} + i = 20\cos 2t \tag{3-42}$$

的解。

有了以上说明，现在就来核实由等式（3-41）右边函数所表示的电流 $i(t)$ 是否满足方程（3-42）。首先是观察，解（3-41）中的函数 $\cos 2t$ 和 $\sin 2t$ 同方程（3-42）右边的函数 $\cos 2t$ 没有矛盾；其次是从特殊处着手，下面就将再议；最后是直接把解（3-41）代到方程（3-42）看有无矛盾出现，但这样进行计算的量比较大，不如先从特殊处着手。就求解微分方程而言，一般是从初始条件开始的。拿本例来说，得到的解（3-41）必须满足所有的初始条件：$i(0)=0$，$i'(0)=0$。现在以 $i(0)$ 开始，$i'(0)$ 收尾，结果如下：

① 将 $t=0$ 代入解（3-41），有

$$i(0) = -\frac{30}{37} + 2 - \frac{44}{37} = 0 \tag{3-43}$$

② 对解（3-41）两边求导，得

$$i'(t) = \frac{10}{37} e^{-\frac{t}{3}} - 2e^{-t} + \frac{88}{37} \sin 2t + \frac{64}{37} \cos 2t$$

将 $t = 0$ 代入上式，有

$$i'(0) = \frac{10}{37} - 2 + \frac{64}{37} = 0 \tag{3-44}$$

上述结果表明：没有矛盾。加之，之前的等式（3-40）中待定系数的核实也未出现矛盾。据此，可以断言：方程（3-42）的解（3-41）是没有差错的。

从例3.10显然可见，用拉氏变换法求解常系数线性微分方程并非难事，关键在于：计算部分分式展开式中的待定系数，既要精准，更需成竹在胸的技巧。工科读者务宜注意，避免出错。

例3.11 求方程

$$3\frac{\mathrm{d}^2 i}{\mathrm{d} t^2} + 4\frac{\mathrm{d} i}{\mathrm{d} t} + i = 0, \ i'(0) = 1, \ i(0) = 0 \tag{3-45}$$

的解。

解 对式（3-45）取拉氏变换，根据微分性质，有

$$3\left[s^2 i(s) - s i(0) - i'(0) \right] + 4s i(s) + i(s) = 0$$

代入 $i'(0) = 1$，并加以整理后，得

$$i(s) = \frac{3}{3s^2 + 4s + 1} = \frac{3}{(3s+1)(s+1)} = \frac{a}{3s+1} + \frac{b}{s+1} \tag{3-46}$$

仿照以前的做法，对上式两边同乘以 $3s + 1$，并令 $s = -\frac{1}{3}$，得

$$a = \left. \frac{3}{s+1} \right|_{s=-\frac{1}{3}} = \frac{9}{2}$$

同理

$$b = \left. \frac{3}{3s+1} \right|_{s=-1} = -\frac{3}{2}$$

将上列结果代回等式（3-46），得

$$i(s) = \frac{1}{2} \left(\frac{9}{3s+1} - \frac{3}{s+1} \right)$$

依此求出方程（3-43）的解

$$\mathscr{L}\left[i(s) \right] = i(t) = \frac{3}{2} e^{-\frac{t}{3}} - \frac{3}{2} e^{-t} \tag{3-47}$$

且有

$$i'(0) = \left. \left(-\frac{1}{2} e^{-\frac{t}{3}} + \frac{3}{2} e^{-t} \right) \right|_{t=0} = 1 \tag{3-48}$$

完全满足题设的条件，可以确信，等式（3-47）中函数 $i(t)$ 便是方程（3-45）

的解。

必须说明，例 3.11 仍是例 3.10 的补充。将方程（3-45）与方程（3-42）比较，等式（3-46）与等式（3-39）比较，则知详情。事实在于：

① 强调系统的线性性质，它与叠加原理是孪生兄妹，遇到线性系统，善用叠加原理必收事半而功倍之效。具体说来，例 3.10 已经求出方程（3-42）在零初始条件下的解（3-41），但随之又想补加初始条件 $i'(0) = 1$。遇见这种情况，是否需要求解下面的方程呢？即求解

$$3\frac{\mathrm{d}^2 i}{\mathrm{d}t^2} + 4\frac{\mathrm{d}i}{\mathrm{d}t} + i = 20\cos 2t, \quad i'(0) = 1 \tag{3-49}$$

按常规好像需要，但是上述方程是线性方程，适用叠加原理，无须重来，只要求出方程（3-45）的解（3-47）同方程（3-42）的解两相叠加就得到了方程（3-49）的解

$$i(t) = \left(\frac{3}{2}\mathrm{e}^{-\frac{t}{3}} - \frac{3}{2}\mathrm{e}^{-t}\right) + \left(-\frac{30}{37}\mathrm{e}^{-\frac{t}{3}} + 2\mathrm{e}^{-t} - \frac{44}{37}\cos 2t + \frac{32}{37}\sin 2t\right)$$

$$= -\frac{51}{74}\mathrm{e}^{-\frac{t}{3}} + \frac{1}{2}\mathrm{e}^{-t} - \frac{44}{37}\cos 2t + \frac{22}{37}\sin 2t \tag{3-50}$$

式（3-50）是否为方程（3-49）的解，留给读者核查，作为练习。

② 重温卷积定理

$$\mathscr{L}\left[f_1(t)*f_2(t)\right] = F_1(s)F_2(s) \tag{3-51}$$

式中，$\mathscr{L}\left[f_1(t)\right] = F_1(s)$，$\mathscr{L}\left[f_2(t)\right] = F(s)$，其积分形式为

$$\mathscr{L}\left[\int_0^t f(u)f_2(t-u)\mathrm{d}u\right] = F_1(s)F_2(s) \tag{3-52}$$

在工程领域，卷积可谓无处不在，联想吃馒头的例子，理应铭记在心。原因在于：一个稍微复杂的拉氏变换表达式都可视作两个式子的乘积。就例 3.11 而论，其中〔见式（3-46）〕

$$i(s) = \frac{3}{(3s+1)(s+1)} = \frac{3}{3s+1} \cdot \frac{1}{s+1} \tag{3-53}$$

是两个分式的乘积，根据卷积定理，则得

$$i(t) = \mathscr{L}^{-1}\left[\frac{3}{3s+1} \cdot \frac{1}{s+1}\right] = \int_0^t \mathrm{e}^{-\frac{u}{3}}\mathrm{e}^{-(t-u)}\mathrm{d}u$$

$$= \mathrm{e}^{-t}\left(\frac{3}{2}\mathrm{e}^{\frac{2}{3}u}\Big|_0^t\right) = \frac{3}{2}\left(\mathrm{e}^{-\frac{t}{3}} - \mathrm{e}^{-t}\right) \tag{3-54}$$

同原有的结果（3-47）完全一样。再就例 3.10 而论，其中〔见式（3-38）〕

$$i(s) = \frac{20s}{(3s+1)(s+1)(s^2+4)} = \frac{1}{(3s+1)(s+1)} \cdot \frac{20s}{s^2+4} \tag{3-55}$$

请注意，式（3-55）右端的头一个分式，记作 $\bar{i}(s)$，即

$$\bar{i}(s) = \frac{1}{(3s+1)(s+1)} \tag{3-56}$$

其分母同等式（3-53）的分母一模一样。含义值得深思，因为等式（3-53）的逆变换 $i(t)$［见式（3-54）］是方程（3-42）的一个通解（类比于馒头在胃里的消化函数）。当然，等式（3-56）的逆变换 $i(t) = \mathscr{L}^{-1}[\bar{i}(s)]$ 也是一个通解，且

$$i(t) = \frac{1}{2}\left(e^{-\frac{t}{3}} - e^{-t}\right) \tag{3-57}$$

再看等式（3-55），其右端最后一个分式的逆变换（类比于吃馒头的函数）

$$\mathscr{L}^{-1}\left(\frac{20s}{s^2+4}\right) = 20\cos 2t \tag{3-58}$$

它是方程（3-45）右端的外加函数。综上所述：等式（3-55）是两个分式的乘积，各自的逆变换分别如等式（3-57）和（3-58）所示，应用卷积定理可知其逆变换，也就是方程（3-42）的解为

$$
\begin{aligned}
i(t) = \mathscr{L}^{-1}[i(s)] &= \int_0^t 20\cos 2u \cdot \frac{1}{2}\left(e^{-\frac{1}{3}(t-u)} - e^{-(t-u)}\right)du \\
&= 10e^{-\frac{t}{3}}\left[\frac{e^{\frac{u}{3}}}{2^2+\frac{1}{9}}\left(\frac{1}{3}\cos 2u + 2\sin 2u\right)\right]_0^t - \\
&\quad 10e^{-t}\left[\frac{e^u}{2^2+1}(\cos 2u + 2\sin 2u)\right]_0^t \\
&= -\frac{30}{37}e^{-\frac{t}{3}} + 2e^{-t} - \frac{44}{37}\cos 2t + \frac{32}{37}\sin 2t
\end{aligned}
$$

这同以前得到的解（3-41）完全一样。

上述表明，在已知方程的一个通解后，可以用卷积求全解，比起直接求解，孰优孰劣，得视具体情况而定。无论如何，卷积在多种场合下都是一个选项，一条思路。

③ 例3.11是给定了 $i'(0)=1$ 后求方程的通解。请考虑一下：已知该通解后如何求出 $i(0)=1$ 时的通解？具体地说，就是已知方程（3-45）

$$3\frac{d^2 i}{dt^2} + 4\frac{di}{dt} + i = 0, \quad i'(0) = 1 \tag{3-59}$$

的解（3-47）

$$i(t) = \frac{3}{2}\left(e^{-\frac{t}{3}} - e^{-t}\right)$$

如何求方程

$$\frac{3\mathrm{d}^2 i}{\mathrm{d}^2 t} + 4\frac{\mathrm{d}i}{\mathrm{d}t} + i = 0, \quad i(0) = 1 \qquad (3\text{-}60)$$

的解？答案是现成的，记为 $\bar{i}(t)$ ，则

$$\bar{i}(t) = i'(t) = \frac{1}{2}\left(3\mathrm{e}^{-t} - \mathrm{e}^{-\frac{t}{3}}\right)$$

正好是方程（3-53）的解的导数。有何根据？请悟出个中缘由，则对类似问题，如 $i(0)$ 与 $i'(0)$ 换位，处理起来自会得心应手。

3.6 拉氏变换简表

$f(t)$	$F(s)$
$\delta(t)$	1
$\delta(t - t_0)$	e^{-st_0}
$H(t - t_0) = \begin{cases} 1, & \text{当} t > t_0 \text{时} \\ 0, & \text{当} t < t_0 \text{时} \end{cases}$	e^{-st_0}/s
at^n	$an!/s^{n+1}$
$\sin at$	$a/(s^2 + a^2)$
$\cos at$	$s/(s^2 + a^2)$
e^{at}	$1/(s - a)$
$t^n \mathrm{e}^{at}$	$n!/(s - a)^{n+1}$
$\mathrm{e}^{bt} \sin at$	$b/[(s - b)^2 + a^2]$
$\mathrm{e}^{bt} \cos at$	$(s - b)/[(s - b)^2 + a]^2$
$t \sin at$	$2as/(s^2 + a^2)^2$
$t \cos at$	$(s^2 - a^2)/(s^2 + a^2)^2$

3.7 习题

1. 傅氏变换是如何演化成拉氏变换的？

2. 总结一下对拉氏变换的认识，拉氏变换的本质是什么？

3. 试求下列函数的拉氏变换

（1）$e^{i\omega t}$；　（2）$\sin \omega t$；　（3）$\cos \omega t$；　（4）$\sin \omega t \cos \omega t$。

4. 已知

$$\mathscr{L}\left[e^{-i\omega t}\right] = \frac{1}{s+i\omega}$$

试据此求题3中4个函数的拉氏变换。

5. 已知

$$\mathscr{L}\left[t^{n}\right] = \frac{n!}{s^{n+1}}$$

试据此求下列函数

（1）$\sin t$；　（2）$\cos t$

的拉氏变换。（提示：将待求函数展成泰勒级数）

6. 已知

$$(\sin t)' = \cos t, \quad (\sin t)'' = (\cos t)' = -\sin t$$

因此函数 $\sin t$ 满足二阶微分方程

$$\frac{d^{2}f(t)}{d^{2}t} + f(t) = 0$$

式中，函数 $f(t)$ 为待求函数，且 $f'(0) = 1$。试用拉氏变换求解上述方程，并写下自己的发现和想法。

7. 将函数 $\sin t$ 换成 $\cos t$，重做题6。

8. 设有函数 $f(t) = t \sin t$。

（1）试根据拉氏变换的定义直接求函数 $f(t)$ 的拉氏变换 $\mathscr{L}\left[f(t)\right]$。

（2）求解下列方程

$$f''(t) + f(t) = 2\cos t, \quad f'(0) = 0, \quad f(0) = 0$$

看得到的 $\mathscr{L}\left[f(t)\right]$ 同用定义所求有无区别，两种方法有无伯仲之分？

9. 已知

$$\mathscr{L}\left[\sin t\right] = \frac{1}{s^{2}+1}$$

试根据拉氏变换的定义求 $f(t) = \sin at$ 的拉氏变换，并将所得结果与上式比较，归纳出一个合适的公式，将 $\mathscr{L}\left[f(t)\right]$ 同 $\mathscr{L}\left[f(at)\right]$ 的关系量化，并予以证明。

10. 求下列函数的拉氏变换

（1）$e^{bt}\sin at$；　（2）$e^{bt}\cos at$；　（3）$t\sin at$；　（4）$t\cos at$。

11. 设 $f(t)$ 是以 T 为周期的周期函数，存在拉氏变换，试证明

$$\mathscr{L}\left[f(t)\right]=\frac{1}{1-\mathrm{e}^{-sT}}\int_0^T f(t)\mathrm{e}^{-st}\mathrm{d}t$$

12. 设有周期函数

$$f(t)=\begin{cases} t, & \text{当}0\leqslant t<a\text{时} \\ 2a-t, & \text{当}a\leqslant t<2a\text{时} \end{cases}$$

如图 3-9 所示，试据题 11 结果求函数 $f(t)$ 的拉氏变换。

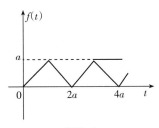

图 3-9

13. 电压 $v(t)=220\sin\omega t$，经整流后为 $\bar{v}(t)=220\left|\sin\omega t\right|$，其前后波形如图 3-10（a）（b）所示。试求函数 $\bar{v}(t)$ 的拉氏变换。

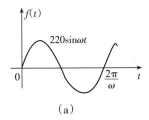 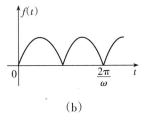

（a） （b）

图 3-10

14. 求下列函数的拉氏逆变换：

(1) $\dfrac{1}{s^2-s-2}$;   (2) $\dfrac{2s}{(s+1)(s^2+4)}$;   (3) $\dfrac{1}{s(s^2+5)}$;

(4) $\dfrac{s+2}{(s^2+4s+5)^2}$;   (5) $\dfrac{2s^2+s+5}{s^2+6s^2+11s+6}$;   (6) $\dfrac{2s^2+3s+3}{(s+1)(s+3)^3}$。

15. 已知 $\mathscr{L}\left[f_1(t)\right]=F_1(s)$，$\mathscr{L}\left[f_2(t)\right]=F_2(s)$，则显然有

$$F_1(s)F_2(s)=F_2(s)F_1(s)$$

根据卷积定理，从上式可得

$$\int_0^t f_1(u)f_2(t-u)\mathrm{d}u=\int_0^t f_2(t)f_1(t-u)\mathrm{d}u$$

请至少举一个例子（如吃馒头之类）说明上式是正确的。

16. 已知方程

$$a\frac{\mathrm{d}x}{\mathrm{d}t}+x=\delta(t),\ x(0)=0 \qquad (3-61)$$

的解为

$$\bar{x}(t)=\frac{1}{a}\mathrm{e}^{-\frac{t}{a}} \qquad (3-62)$$

因方程右边外加函数 $\delta(t)$ 表示为单位脉冲函数，此解称为方程的脉冲响应解，或方程的格林函数。我们曾多次用过，其重要性不言而喻，只是未直呼其名。

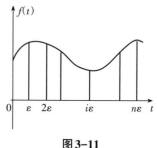

图3-11

格林函数为何重要？道理在于：一般的常用函数 $f(t)$ ，如图 3-11 所示，全都可以认为由单位脉冲函数这颗粒子组成的！请读者想象一下，当图 3-11 上的横坐标间距趋近于零时，函数 $f(t)$ 的极限状态是什么样的？一切就了然于心，疑虑顿消了。

现在设方程（3-61）的外加函数为 $\sin t$ ，即

$$a\frac{\mathrm{d}x}{\mathrm{d}t}+x=\sin t,\ x(0)=0 \qquad (3-63)$$

对式（3-63）两边取拉氏变换，得

$$x(s)=\frac{1}{as+1}\cdot\frac{1}{s^2+1}=\frac{1}{s^2+1}\cdot\frac{1}{as+1} \qquad (3-64)$$

试借助式（3-64）验证上题中的积分等式是正确的。此外，设想方程（3-63）中的变量 $x(t)$ 是一 L 、 R 电路的电流，如图 3-5 所示，且方程的格林函数为 $\bar{x}(t)$ ［见式（3-62）］，试据此应用卷积定理求方程（3-63）的解：参考等式（3-64）再次验证题16中积分等式的正确性；借助自己的电工知识加深对卷积定理的理解。

17. 在弹性系数为 k 的弹簧上挂一质量为 m 的物件，如图 3-12 所示。试求此系统在静止状态下受外力 $E\sin\omega t$ 作用后，物件 m 的运动规律。

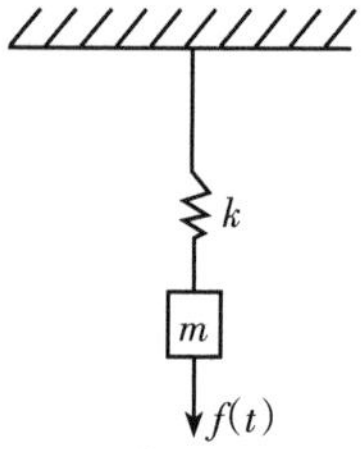

提示：设 $y(t)$ 代表 m 的运动规律，则根据力学原理知

$$my''+ky=E\sin\omega t,\ y'(0)=y(0)=0$$

（1）用拉氏变换直接求解；

图3-12

（2）先求格林函数，用卷积定理求解。

第4章 复变函数

第3章刚讲了拉氏变换，直白地说，要对拉氏变换有更深入的理解，必须求助复变函数。可以说，在不少学科都有它的存在，在工程应用方面更具特殊的地位。所有这些全会逐一论及。

4.1 复数

从整数、有理数、实数到虚数和复数，数的概念是随着实践的需求而逐步扩展并完善的。其中，复数是复变函数的自变量，在中学早已学过，但为了易于掌握本章的要点，有必要再梳理一遍，回想一下复数从何而来，怎样运算，以达到温故而知新的目的。

4.1.1 概述

理论源于实际，此话千真万确。但在个别情况下，也出现过相反的情况。比如，麦克斯韦（Maxwell）在19世纪建立了电磁场的基本方程，即"麦克斯韦方程组"，并据此预言电磁波的存在。虚数的出现多少与此相似。人们在求解诸如

$$x^2 + 1 = 0 \qquad (4-1)$$

这样的方程时，发现

$$x = \pm\sqrt{-1} \qquad (4-2)$$

产生了困惑。因为，函数

$$y = x^2 + 1$$

画出来如图4-1所示，曲线 $x^2 + 1 = 0$ 与实轴没有交点，就是说方程（4-1）没有根。但是，代数学存在一个基本定理：任何代数方程至少有一个根。实质是讲，一个 n 次代数方程必然有 n 个根。为了恪守这条基本定理，只得承认等式（4-2）是方程（4-1）的两个根，并简记 $\sqrt{-1} = i$，由方程（4-1）虚数和复数相继诞生。

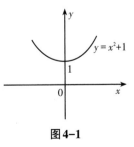

图4-1

随之，如二次方程

$$x^2 + 2x + 5 = 0$$

的解就可表示为

$$x_{1,2} = -1 \pm 2\mathrm{i}$$

定义 4.1 由实数 a，b 同虚数 i 组成的数

$$z = a + b\mathrm{i} \tag{4-3}$$

称为复数，其中实数 a 称为复数 z 的实部，b 称为虚部，分别记为

$$a = \mathrm{Re}\,z, \quad b = \mathrm{Im}\,z$$

从定义和复数的表示式(4-3)不难看出，复数 z 与二维向量

$$\boldsymbol{a} = a_1 \boldsymbol{i} + a_2 \boldsymbol{j}$$

有类似之处，能够用几何方法描述。如图4-2所示，复数 $z(a, b)$ 在平面直角坐标系中的坐标为 (a, b)，其中从原点 O 到点 $z(a, b)$ 的距离称为复数 z 的"模"或"绝对值"，记作

$$|z| = r = \sqrt{a^2 + b^2} \tag{4-4}$$

直线 Oz 与 x 轴正向间的夹角 θ 称为复数 z 的"辐（幅）角"，记作

$$\mathrm{Arg}\,z = \arctan\frac{b}{a} = \theta \tag{4-5}$$

描述复数的平面称为复数平面。

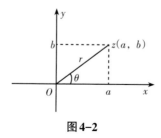

图4-2

4.1.2　复数的表示法

复数计有三种表示法，即代数式、三角式和指数式，分述如下。

代数式　这已经讲过，即式（4-3）

$$z = a + b\mathrm{i}$$

三角式　从图4-2可见

$$a = r\cos\theta, \quad b = r\sin\theta$$

代入上式，显然有

$$z = r(\cos\theta + \mathrm{i}\sin\theta) \tag{4-6}$$

上式称为复数 z 的三角式。

指数式　上式右端根据欧拉公式可知，它等于 $e^{i\theta}$，因此有

$$z = re^{i\theta} \tag{4-7}$$

式（4-7）称为复数 z 的指数式。

三角式和指数式的引入，需要说明一个问题。因为两者都是周期函数，将

$$\text{Arg}\,z = \theta + 2n\pi \quad (n = 0, \pm 1, \pm 2, \cdots) \tag{4-8}$$

中任意一个角代入三角式或指数式，其值不变。这就是说，一个非零的复数存在无穷多的幅角［式（4-8）］，各自之差为 $2n\pi$ 个弧度。为方便起见，将满足条件

$$-\pi < \theta \leqslant \pi \tag{4-9}$$

的幅角 θ 称为全部幅角 $\text{Arg}\,z$［式（4-8）］的主值，记作 $\arg z = \theta$，是幅角中的默认首选。

复数 z 的三个表示式同为一个复数，必然可以相互转化，现举例说明如下。

例4.1　设有复数

$$z = \sqrt{3} + i$$

试将其转化为三角式和指数式。

解　例4.1的关键是求复数 z 的模和幅角。据公式（4-4）和（4-5），得

$$|z| = r = \sqrt{3 + 1} = 2$$
$$\arg \theta = \arctan \frac{1}{\sqrt{3}} = \frac{\pi}{6}$$

将上列结果代入公式（4-6），得复数的三角式

$$z = 2\left(\cos \frac{\pi}{6} + i \sin \frac{\pi}{6}\right)$$

代入公式（4-7），得复数的指数式

$$z = 2e^{i\frac{\pi}{6}}$$

解完例4.1后，请读者思考片刻，如将复数改成

$$z = \sqrt{3} - i$$

能否根据已有的结果直接写出上式的三角式和指数式？

复数的三种表示式各具优势，而相互转化从例4.1可见又非常简便。因此，在使用复数时，务希视具体情况选用与之相应的表示，以免劳而无功、事倍功半。

4.1.3　复数的运算

复数具有加法、减法、乘法和除法四种运算，与向量不同，向量没有除法，只有加法和减法，但有两个乘法：数量积和向量积。

复数的加法和减法其规则如下：

$$z_1 \pm z_2 = (a_1 + \mathrm{i}b_1) \pm (a_2 + \mathrm{i}b_2) = (a_1 \pm a_2) + \mathrm{i}(b_1 \pm b_2) \tag{4-10}$$

式中，$z_1 = a_1 + \mathrm{i}b_1$，$z_2 = a_2 + \mathrm{i}b_2$，即实部同实部相加，虚部同虚部相加，相减也是如此，结果如图4-3所示。

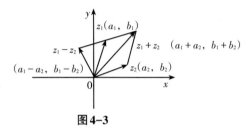

图4-3

复数的乘法规则如下：

$$\begin{aligned} z_1 z_2 &= (a_1 + \mathrm{i}b_1)(a_2 + \mathrm{i}b_2) \\ &= a_1 a_2 + \mathrm{i}a_1 b_2 + \mathrm{i}b_1 a_2 + \mathrm{i}^2 b_1 b_2 \\ &= (a_1 a_2 - b_1 b_2) + \mathrm{i}(a_1 b_2 + a_2 b_1) \end{aligned} \tag{4-11}$$

例4.2 已知复数

$$z_1 = 2 + 3\mathrm{i}, \quad z_2 = 1 - 2\mathrm{i}$$

求两者的积 $z_1 z_2$。

解 根据乘法规则

$$z_1 z_2 = (2 + 3\mathrm{i})(1 - 2\mathrm{i}) = 2 - 4\mathrm{i} + 3\mathrm{i} - 6\mathrm{i}^2 = 8 - \mathrm{i}$$

例4.3 已知复数

$$z_1 = \mathrm{e}^{\mathrm{i}\frac{\pi}{3}} = \frac{1}{2} + \mathrm{i}\frac{\sqrt{3}}{2}, \quad z_2 = \mathrm{e}^{-\mathrm{i}\frac{\pi}{6}} = \frac{\sqrt{3}}{2} - \mathrm{i}\frac{1}{2}$$

求两者的积 $z_1 z_2$。

解1 根据乘法规则（4-11），有

$$z_1 z_2 = \left(\frac{1}{2} \times \frac{\sqrt{3}}{2} - \mathrm{i}^2 \frac{1}{2} \times \frac{\sqrt{3}}{2} \right) + \mathrm{i}\left(-\frac{1}{2} \times \frac{1}{2} + \frac{\sqrt{3}}{2} \times \frac{\sqrt{3}}{2} \right) = \frac{\sqrt{3}}{2} + \mathrm{i}\frac{1}{2}$$

解2 利用指数式，直接可得

$$z_1 z_2 = \mathrm{e}^{\mathrm{i}\frac{\pi}{3}} \cdot \mathrm{e}^{-\mathrm{i}\frac{\pi}{6}} = \mathrm{e}^{\mathrm{i}\frac{\pi}{6}}$$

读者可能会想：两个解法是否会得出相同结果？因为，解1所根据的是复数的乘法规则，而解2所根据的是既有的指数函数的乘法规则。但是，比较上述两个等式，有

$$e^{i\frac{\pi}{6}} = \cos\frac{\pi}{6} + i\sin\frac{\pi}{6}$$

$$= \frac{\sqrt{3}}{2} + i\frac{1}{2}$$

两个解法的结果完全一样。这表明：复数的乘法规则是自然的结果，并非人为的。

复数 z_1 和 z_2 相除的规则如下：

$$\frac{z_2}{z_1} = \frac{a_1 + ib_1}{a_2 + ib_2} = \frac{(a_1 + ib_1)(a_2 - ib_2)}{(a_2 + ib_2)(a_2 - ib_2)}$$

$$= \frac{a_1 a_2 + b_1 b_2}{a_2^2 + b_2^2} + i\frac{a_2 b_1 - a_1 b_2}{a_2^2 + b_2^2} \tag{4-12}$$

即借助乘法将分母化为实数后得到的复数就是 z_1 和 z_2 两者相除的结果。

例4.4　试将复数化简：

$$z_1 = \frac{2-i}{3+4i}, \ z_2 = \frac{2+5i}{3i}$$

解　根据除法规则（4-12），有

$$z_1 = \frac{2-i}{3+4i} = \frac{(2-i)(3-4i)}{(3+4i)(3-4i)} = \frac{6-4-11i}{25} = \frac{2}{25} - \frac{11}{25}i$$

$$z_2 = \frac{2+5i}{3i} = \frac{(2+5i)i}{3i \cdot i} = \frac{2i-5}{-3} = \frac{5}{3} - \frac{2}{3}i$$

在结束本节之前，提出两个问题：

① 请验算复数的四则运算是否满足交换律、结合律和分配律；

② 试借助指数函数相除的规则验证复数的除法规则(4-12)。

4.1.4　共轭复数

定义4.2　两个复数

$$z_1 = a + ib, \ z_2 = a - ib \tag{4-13}$$

其实部 a 相等，虚部 b 和 $-b$ 异号，则互称为共轭复数，记作 $\bar{z}_1 = z_2$ 与 $\bar{z}_2 = z_1$。

根据上述定义，显然可知，指数式复数 $z = re^{i\theta}$ 的共轭复数为 $\bar{z} = re^{-i\theta}$。由此易于想到，复数 z 同其共轭复数两者是关于实轴对称的，如图4-4所示。

例4.5　求下列复数：

① $z = 3 + 2i - 5i$；

② $z = (2 - 3i)(4 + 2i)$；

③ $z = \dfrac{1 + 5i}{\sqrt{2} - i}$

的共轭复数 $\bar{z}$。

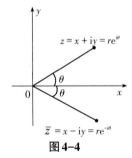

图4-4

解　①合并同类项后，显然

$$\bar{z} = 3 + i(5-2) = 3 + 3i$$

②求代数表示式，有

$$z = (2-3i)(4+2i) = 14 - 8i$$

由此得

$$\bar{z} = 14 + 8i$$

③求代数表示式，有

$$z = \frac{1+5i}{\sqrt{2}-i} = \frac{(1+5i)(\sqrt{2}+i)}{(\sqrt{2}-i)(\sqrt{2}+i)} = \frac{1}{3}\left[\left(\sqrt{2}-5\right) + i\left(1+5\sqrt{2}\right)\right]$$

由此得

$$\bar{z} = \frac{1}{3}\left[\left(\sqrt{2}-5\right) - i\left(1+5\sqrt{2}\right)\right]$$

得到答案之后，对解②和解③的结果总有点怀疑，既然如此，大家不妨按常用的学习方法处理。

①质疑。读书时要在"无疑处有疑"。这是对的，但要有依据。拿解①来说。实际上是直接把 i 换成 -i 就求出复数 z 的共轭复数 $\bar{z}$，难道不适用于解②和解③？遇到这样的问题总是选用特例试验。比如，设

$$z_1 = (1-i)i, \quad z_2 = (1+i)(2-i)$$

将其中的 i 换成 -i，得

$$\overline{(1-i)i} = (1+i)(-i) = 1-i, \quad \overline{(1+i)(2-i)} = (1-i)(2+i) = 3-i$$

不难证实

$$\bar{z_1} = 1-i, \quad \bar{z_2} = 3-i$$

以上表明，我们的猜想"为求共轭复数，将 i 直接换成 -i"对特例而言是正确的。对一般情况是否正确？回答这个问题，需要做进一步的工作。

②求证。产生疑问，有了猜想，这是第一步。而最重要的一步是求证。就例4.5而言，求证时可用复数的代数式、三角式或指数式。现在先用代数式，设

$$z_1 = a_1 + ib_1, \quad z_2 = a_2 + ib_2$$

直接计算有

$$z_1 z_2 = \left(a_1 a_2 - b_1 b_2 \right) + i\left(a_1 b_2 + a_2 b_1 \right)$$
$$\overline{z_1 z_2} = \left(a_1 a_2 - b_1 b_2 \right) - i\left(a_1 b_2 + a_2 b_1 \right)$$

按猜想先将 z_1 和 z_2 中的 i 换成 -i 后计算有

$$\bar{z}_1 = a_1 - ib_1, \quad \bar{z}_2 = a_2 - ib_2$$
$$\bar{z}_1 \bar{z}_2 = \left(a_1 a_2 - b_1 b_2 \right) - i\left(a_1 b_2 + a_2 b_1 \right)$$

可见

$$\overline{z_1 z_2} = \bar{z}_1 \bar{z}_2$$

我们的猜想证实了，但还只是乘法，至于除法以及用三角式和指数式的求证，不再多说，统统留给读者，作为练习。

有人在学习时，以"大胆假设，小心求证"作为座右铭。似乎还应再多一句"不断创新"，成为"大胆假设，小心求证，不断创新"。

③ 创新。创新并非易事，但事在人为。就例 4.5 而论，求两个复数 z_1 和 z_2 相乘和相除的共轭复数已有定论

$$\overline{z_1 z_2} = \bar{z}_1 \bar{z}_2, \quad \overline{\left(\frac{z_1}{z_2} \right)} = \frac{\bar{z}_1}{\bar{z}_2} \tag{4-14}$$

但是像以复数作为指数的复数，比如

$$z = z_1^{z_2} = (2 + i)^{3-i}$$

该如何求它的共轭复数呢？能否像相乘或相除那样，把 z 中的 i 换成 -i 就得到其共轭复数 $\bar{z}$？答案是确定的。就是说，任何形式的复数包括指数型的复数或根式型的复数，只要将其中的 i 换成 -i 便得到了它们的共轭复数。对此，本书不再深究。目的只在于强调：问题解决之后，抬头看看，能否"百尺竿头，更进一步"。

4.1.5 乘幂与方根

前面讲复数的乘法时，是两个复数 z_1 和 z_2 的积 $z_1 z_2$。现在讨论 n 个复数 z_i 的积，当这 n 个复数 z_i 都等于 z 时，记作

$$z^n = z \cdots z \ (n \text{个})$$

并称为复数 z 的 n 次方或 n 次幂。

在处理复数相乘的问题时，宜用指数式和三角式，取

$$z = re^{i\theta} = r(\cos \theta + i \sin \theta) \tag{4-15}$$

两边平方，有

$$z^2 = r^2 e^{i2\theta} = r^2 \left(\cos^2\theta - \sin^2\theta + i2\sin\theta\cos\theta \right)$$
$$= r^2 \left(\cos 2\theta + i\sin 2\theta \right)$$

其实，根据指数函数相乘其指数相加的道理，直接可得

$$z^n = r^n e^{in\theta} = r^n (\cos n\theta + i\sin n\theta) \tag{4-16}$$

当复数的模 $r = 1$ 时，归并等式（4-15）和等式（4-16）便推导出了一个著名的公式——棣莫弗公式。

若令 $z = \cos\theta + i\sin\theta$，则其 n 次方

$$\left(\cos\theta + i\sin\theta \right)^n = \cos n\theta + i\sin n\theta \tag{4-17}$$

上式无论 n 是正数、负数、实数、虚数乃至复数一律成立，有时也称棣莫弗定理。

棣莫弗公式的用途广泛，下面就以求复数 z 的方根为例予以陈述。将等式（4-17）两边开 n 次方，得

$$\cos\theta + i\sin\theta = (\cos n\theta + i\sin n\theta)^{\frac{1}{n}} \tag{4-18}$$

若记式（4-18）右边的复数为 $\omega^{\frac{1}{n}}$，则得

$$z = \omega^{\frac{1}{n}} \tag{4-19}$$

而复数 z 就称为复数 ω 的 n 次方根。可见，乘方和开方互为逆运算。

例4.6 试求解方程

$$z^3 - 1 = 0 \tag{4-20}$$

解 从式（4-20）直接可得方程的解

$$z_1 = \sqrt[3]{1} = 1$$

但是，一个三次方程应该有三个根，其余两个何在？这就涉及了复数的方根。

将实数视作复数，即

$$1 = e^{i2n\pi} = \cos 2n\pi + i\sin 2n\pi \quad (n = 0, 1, 2, \cdots)$$

对上式两边开3次方，有

$$\sqrt[3]{1} = e^{\frac{i2n\pi}{3}} = (\cos 2n\pi + i\sin 2n\pi)^{\frac{1}{3}}$$

前面说过，棣莫弗公式适用于分数，因此上式右边

$$(\cos 2n\pi + i\sin 2n\pi)^{\frac{1}{3}} = \cos\frac{2n\pi}{3} + i\sin\frac{2n\pi}{3} \tag{4-21}$$

令式（4-21）中的 n 相继取值 0, 1, 2，得

$$z_1 = 1, \quad z_2 = \cos\frac{2\pi}{3} + i\sin\frac{2\pi}{3}, \quad z_3 = \cos\frac{4\pi}{3} + i\sin\frac{4\pi}{3}$$

显然，上面的 z_1, z_2, z_3 正是方程（4-20）的3个根。

答案出来了，但有两点需要补充。一是等式（4-21）中的 n 只要求取相继

的3个值，这同一个三次方程存在3个根相互吻合，再多取值，就是重复。二是上述3个根在复数平面上恰好构成单位圆内的正三角形，如图4-5（a）所示。图4-5（b）所示是一个正四边形，请问：其顶点所代表的4个复数是否为某一个方程的解？若是，希望写出来。又，能否据上文所述直接猜到下面方程

$$x^6 - 1 = 0$$

的解及其图示？

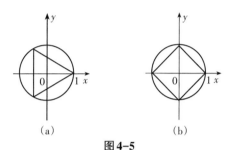

（a） （b）

图4-5

例4.7 设有复数

$$z = 1 + i$$

试求其5次方根。

解 先将复数z化成三角式

$$z = 1 + i = \sqrt{2}\left(\cos\frac{\pi}{4} + i\sin\frac{\pi}{4}\right)$$

然后仿例4.6，有

$$\sqrt[5]{z} = \sqrt[10]{2}\left[\cos\frac{1}{5}\left(\frac{\pi}{4} + 2n\pi\right) + i\sin\frac{1}{5}\left(\frac{\pi}{4} + 2n\pi\right)\right] \quad (n = 0，1，2，3，4)$$

上式令n相继取值0，1，2，3，4，最后得复数z的5个5次方根：

$$z_1 = \sqrt[10]{2}\left(\cos\frac{\pi}{20} + i\sin\frac{\pi}{20}\right)$$

$$z_2 = \sqrt[10]{2}\left(\cos\frac{9\pi}{20} + i\sin\frac{9\pi}{20}\right)$$

$$z_3 = \sqrt[10]{2}\left(\cos\frac{17\pi}{20} + i\sin\frac{17\pi}{20}\right)$$

$$z_4 = \sqrt[10]{2}\left(\cos\frac{25\pi}{20} + i\sin\frac{25\pi}{20}\right)$$

$$z_5 = \sqrt[10]{2}\left(\cos\frac{33\pi}{20} + i\sin\frac{33\pi}{20}\right)$$

上述5个复数根是以原点为中心、$\sqrt[10]{2}$为半径的一个圆内接正五边形的各个顶点。

棣莫弗公式除了用以求复数的方根外，还有不少用途。比如，求证三角函数的恒等式，现举例说明如下。

例4.8 试将 $\sin 3\theta$ 和 $\cos 3\theta$ 表示为 $\sin\theta$ 和 $\cos\theta$ 的幂函数。

解 根据棣莫弗公式

$$
\begin{aligned}
\cos 3\theta + \mathrm{i}\sin 3\theta &= (\cos\theta + \mathrm{i}\sin\theta)^3 \\
&= (\cos^3\theta - 3\cos\theta\sin^2\theta) + \mathrm{i}(3\sin\theta\cos^2\theta - \sin^3\theta)
\end{aligned}
$$

令上式中的实部与虚部分别相等，得

$$\cos 3\theta = \cos^3\theta - 3\cos\theta\sin^2\theta \qquad (4\text{--}22)$$

$$\sin 3\theta = 3\sin\theta\cos^2\theta - \sin^3\theta \qquad (4\text{--}23)$$

上面的答案是否正确？最好验证一下，设 $\theta = 0$ 代入式（4-22）、式（4-23），有

$$\cos 3\theta = 1, \quad \cos^3\theta - 3\cos\theta\sin^2\theta = 1$$

$$\sin 3\theta = 0, \quad 3\sin\theta\cos^2\theta - \sin^3\theta = 0$$

没有矛盾。再设 $\theta = \dfrac{\pi}{6}$ 代入式（4-22）、式（4-23），有

$$\cos 3\theta = 0, \quad \cos^3\theta - 3\cos\theta\sin^2\theta = \cos\frac{\pi}{6}\left[\left(\frac{\sqrt{3}}{2}\right)^2 - 3\times\left(\frac{1}{2}\right)^2\right] = 0$$

$$\sin 3\theta = 1, \quad 3\sin\theta\cos^2\theta - \sin^3\theta = \frac{1}{2}\times\left[3\times\left(\frac{\sqrt{3}}{2}\right)^2 - \left(\frac{1}{2}\right)^2\right] = 1$$

没有矛盾。其实，当看到等式（4-22）两边都是偶函数、等式（4-23）两边都是奇函数时，就会预知答案是正确的。

此外，利用等式

$$z + \frac{1}{z} = 2\cos\theta$$

$$z - \frac{1}{z} = 2\mathrm{i}\sin\theta$$

也可推证不少的三角函数恒等式，但非重点，不再引述，而上列两式的几何表达则如图4-6（a）（b）所示。

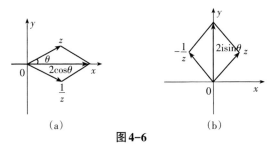

(a)　　　　　(b)

图4-6

4.2 解析函数

解析函数的概念既重要而又抽象，如何将它推荐给读者？是随大流开门见山式地从定义出发，还是委婉一点从"温故而知新"着手？因为面对的是工科读者，本书乐意多费一些笔墨。

4.2.1 温故

首先，回顾一下两个定理：

定理 4.1 设 L 是 xOy 平面上一条分段光滑的闭曲线，围成区域 D，函数 $P(x，y)$ 和 $Q(x，y)$ 在 D 上连续且有连续的一阶偏导数，则

$$\iint_D \left(\frac{\partial Q}{\partial x} - \frac{\partial P}{\partial y} \right) \mathrm{d}x\mathrm{d}y = \oint_L P\mathrm{d}x + Q\mathrm{d}y \qquad (4\text{-}24)$$

其中，环积分取默认方向，即沿逆时针方向进行。式（4-24）称为格林公式，此定理称为格林定理。

定理 4.2 设区域 D 是单连通的，函数 $P(x，y)$ 和 $Q(x，y)$ 在 D 内具有一阶连续偏导数，则曲线积分 $\int_L P\mathrm{d}x + Q\mathrm{d}y$ 在 D 内与路径无关的充要条件是在 D 内恒有

$$\frac{\partial P}{\partial y} = \frac{\partial Q}{\partial x} \qquad (4\text{-}25)$$

上述两个定理，见《高数笔谈》（东北大学出版社，2016 年 12 月出版）44-52 页，之所以被引用，在于其中隐含着如下重要的结论：

① 积分与路径无关等同于沿任何闭曲线的积分等于零，是同一事实的两种不同表述。

② 积分与路径无关等同于存在一个只同所在位置有关的数量函数。此函数往往代表着所在位置的能量，如引力场中的位能，电场中的电位，温度场中的温度。其梯度是个向量，如引力场中的力，电场中的电场强度，温度场中的热流。

以上回顾大有助于对解析函数的理解，但在切入正题之前，还需要介绍一个例子。其实，读者对它并不陌生。

例 4.9 有座大山，似圆锥形，高 100 米，如图 4-7（a）所示，其俯视图如图 4-7（b）所示。对此存在几个问题必须明确：

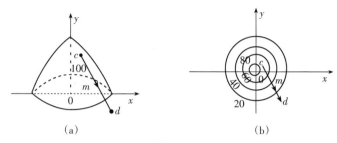

图 4-7

① 设在山上任选一点，记为 c，放个小球 m，则小球受地心引力的作用沿直线下滚，最后将停在地面某处，记为 d，其滚动轨迹是一条直线，如图4-7（a）所示。此直线在俯视图4-7（b）的投影也是一条直线。两条直线用相同的符号，都记作 cd。原因在于：小球 m 在山上的运动与投影到俯视图上的运动两者是一一对应的，而为方便起见，往往只说小球 m 在俯视图上的运动，反映的却是小球 m 在山上的运动。

② 图4-7（b）上以原点为圆心的各同心圆称为等高线。比如，标注为80的圆乃是大山表面高度为80米的圆周在俯视图上的投影。因此，所谓等高线就是等位线，意味着其上的每一点都具有 gh 的位能，此处 h 代表高度。由于各同心圆代表的高度不同，自然就产生了梯度（相类于大山的坡度，但方向相反，坡度朝下，梯度朝上）。从图上可见，同心圆的方程可写作

$$f(x, y) = 100 - k(x^2 + y^2) \quad [k(x^2 + y^2) \leqslant 100] \quad (4\text{-}26)$$

式中，k 是个比例常数，与大山的坡度有关，为简便且不失一般性，取 $k=1$。

根据梯度的定义，从上式可得

$$\text{grad} f(x, y) = \frac{\partial f}{\partial x} \boldsymbol{i} + \frac{\partial f}{\partial y} \boldsymbol{j} = -2x \boldsymbol{i} - 2y \boldsymbol{j} \quad (4\text{-}27)$$

由此可知，面上任意一点 (x, y)，设为 $P\left(2, \dfrac{3}{2}\right)$，其梯度为

$$\text{grad} f\left(2, \frac{3}{2}\right) = -4\boldsymbol{i} - 3\boldsymbol{j}$$

如图4-8所示。从图上可见，梯度是个向量，其指向是从低值等位线朝着高值等位线的，对应于上坡。如将小球 m 放在点 P 处，则将沿下坡滚动，受力的方向正好同梯度相反，这在前面讲过。此外，梯度还有一条务必重视的性质：同等位线正交。忘了没有关系，自己证明一次，印象更加深刻。

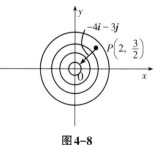

图 4-8

以上的回顾全属已知，其主旨在于：一座大山已被数字化成了一个引力场：存在等位线，存在与之正交的引力线。正是这个引力场将为初学者揭开解析函数的神秘面纱，而这一切都会在下一节予以详细的阐述。

4.2.2　知新

设有一平面场，如图4-9（a）所示，其上的同心圆代表场的等位线，过圆心的直线代表场的力线。简记这个场为G，设场G的等位线可用方程

$$f(x，y) = 100 - x^2 - y^2 \quad \left(x^2 + y^2 \leqslant 100 \right)$$

表示，力线可用

$$y - kx = 0$$

表示，式中k是个常数。

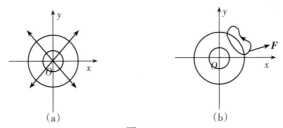

图4-9

综上所述，可见场G完全满足积分与路径无关的条件，也就是沿任何闭路积分等于零的条件，即

$$\oint_L F \mathrm{d}s = 0$$

式中，F表示小球m在场G中所受的力，如图4-9（b）所示。上式是否正确，马上就来验证。

在场G中，小球m所受的力F是与等位线的梯度方向相反而大小则成正比的，为简单计且不失一般性，取比例系数为1，得

$$F = -\mathrm{grad} f(x，y) = 2x\boldsymbol{i} + 2y\boldsymbol{j}$$

代入上式，并借助格林公式，有

$$\oint_L F \mathrm{d}s = \oint_L 2x\mathrm{d}x + 2y\mathrm{d}y = \iint_D \left(\frac{\partial}{\partial x}(2y) - \frac{\partial}{\partial y}(2x) \right) \mathrm{d}x\mathrm{d}y = 0$$

式中L是场G内的任意一条闭曲线，D是L围成的区域。

上述结果乃意料中事，再次证实了：积分与路径无关，闭曲线环路积分等于零，位势场(存在等位线或等位面的场)实属"三位一体"，是同一客观存在

的三种表现。

上述客观存在其理论价值丰盛，实际应用广泛，务请另眼看待。为此，面对工科读者，将再次予以直观的解说，力求达到"数学问题工程化"的目的。

设有一个平面场，存在等位线，如图4-10所示。其上的数字组代表等位线的值，若是像上例的引力场，则代表高度；若是温度场，则代表温度；若是稳态流体场，则代表速度位，诸如此类。无论是哪一类场，从低值等位线到高值等位线必有一条捷径，当两条等值线无限趋近时，这条捷径就变成了一条直线，如图4-10上的黑线cd所示。其从低值到高值等位线的指向正是该处点c的梯度方向。任何场的梯度都有实际含义。如上例中的引力场，我们说过，各点的梯度可以理解为小球在该点所受的力F，只是方向相反且大小成比例而已。根据以上解说，再次强调了等位线与梯度是相互正交的，因此小球在任何点处所受的力也是同等位线正交的，而这正是"做功与路径无关""沿任一闭回路的积分等于零"的本质所在。

设想将一小球m放在图4-10的点P_1处，沿等位线100移动至点P_2处，再沿梯度方向移动至等位线200的点P_3处，再沿等位线200移动至点P_4处，最后沿梯度方向回到原处点P_1。现在来总结一下，小球m绕此闭路一圈是否做功。第一段，从点P_1至点P_2在等位线100上，小球的运动路径同力F垂直，不做功；第二段，从点P_2到点P_3是从等位线100至等位线200，所做的功为

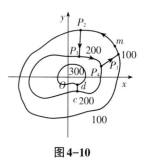

图4-10

$$W_1 = (200 - 100)mg = 100mg \text{ 焦耳}$$

式中，m是小球的质量；第三段，从点P_3到点P_4回到原处P_1，是从等位线200至等位线100，相当于小球m从坡上滚到坡下，非但不做功，反而获得能量：

$$W_2 = (200 - 100)mg = 100mg \text{ 焦耳}$$

综上所述，可见小球m沿$P_1P_2P_3P_4P_1$一周所做的功等于零，这同大家的预测完全一致。但是，上述闭路$P_1P_2P_3P_4P_1$十分特别，任何闭路难道也是如此？有问题是对的，启发我们去做更全面的思考。

为叙述简便起见，将上述的平面场记作G。设在G上任选一条闭曲线，记作L，并将同图4-10上闭曲线$P_1P_2P_3P_4P_1$形状相似的闭曲线记作l，再将由闭曲线L围成的区域D用等位线和梯度线划分成n个小区域$D_i(i=1, 2, \cdots, n)$，

如图4-11所示。显然可见，这种小区域分为两类：一类与L接壤，一类与图4-10上的闭曲线相似，是由闭曲线l所围成的。有了以上的理解，下面将讨论两个问题。

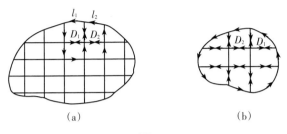

图4-11

① 将小球m沿每个区域D_i的周边，即闭曲线l_i，逆时针移动一圈，如图4-11（a）所示，由于小球移动方向总是逆时针，相邻的两个区域，例如D_1和D_2，其每条共同边上小球必然移动两次，且方向相反，如图4-11（b）所示。这样一来，小球在该边上所做的功与获得的能量正好相互抵消，换句话说就是，在该边上移动小球无须做功。不难想到，把n个区域的全部邻边抛开的话，便只余下区域D的周边了，即闭曲线L。如此结论也就出来了：计算小球沿闭曲线L移动所做的功等同于小球沿每个区域D_i的周边，即每条$l_i(i=1，2，\cdots，n)$移动所做的功。

② 沿l_i移动小球做多少功，要区分两种情况：一是不与D的周边接壤，由闭曲线l围成，不做功；二是与D的周边接壤，做不做功尚无定论。有鉴于此，莫如把区域$D_i(i=1，2，\cdots，n)$越分越小，让n趋近于无穷大，每个区域D_i都以点为极限。这样一来，移动小球不需要做功的区域所占的比重就越来越高，同定积分的情况一样，在极限状态，全变成不需要做功的区域了。

以上所述，实际正是：在位势场（存在等位线或等位面的场）中"做功与路径无关"或者说"沿任何闭曲线的环路积分等于零"的直观解释。到此，有人会质疑：何必讲这么多的废话？从等位线，比如标记200的等位线上任何一点P绕一圈再回到点P，其所在位置的能量永远是$200mg$焦耳，并不变化，既未增加，当然无须做功，也未减小，当然不会获得能量。这样解说岂非一语中的，更易理解。

上述质疑击中要害，应予点赞。但本书也有隐情。在那样多的废话里也包含两点"精华"：

① 客观事物内部情况与其边界情况必有质的联系，数学化之后就是一个恒等式。前面计算沿每个区域D_i周边所做的功与计算整个区域D的周边L所做

的功，数字化之后就是格林公式

$$\iint_D \left(\frac{\partial Q}{\partial x} - \frac{\partial P}{\partial y} \right) \mathrm{d}x \mathrm{d}y = \oint_L P \mathrm{d}x + Q \mathrm{d}y \qquad (4\text{-}28)$$

对此不再多说，因为我们是为了引入解析函数。

② 现在有了以上的准备，本书做出一个大胆的"猜想"。

一个以复数 $z = x + \mathrm{i}y$ 为自变量的函数

$$f(z) = u(x, y) + \mathrm{i}v(x, y) \qquad (4\text{-}29)$$

在什么条件下才会用于实际并富有理论价值呢？这事实上已有定论，但本书仍考虑从工程的角度来看个究竟。

先从特殊情况开始，设

$$f(z) = z = x + \mathrm{i}y \qquad (4\text{-}30)$$

上式让我们联想到，小球 m 在前述引力场 G 受力

$$\boldsymbol{F} = x\boldsymbol{i} + y\boldsymbol{j} \qquad (4\text{-}31)$$

沿任何闭曲线 L 移动一周做功等于零的结论。对比式（4-30）和式（4-31），发现十分类似。因此猜想在复平面图 4-12 上类似一单位粒子沿任何闭曲线 L 一周后，应有

$$\oint_L z \mathrm{d}z = 0 \qquad (4\text{-}32)$$

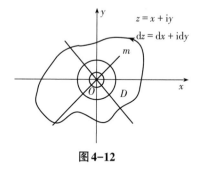

图 4-12

现在就来验证上述猜想是否成立。

通过直接计算，从图 4-12 上可见

$$\oint_L z \mathrm{d}z = \oint_L (x + \mathrm{i}y)(\mathrm{d}x + \mathrm{i}\mathrm{d}y)$$

$$= \oint_L (x \mathrm{d}x - y \mathrm{d}y) + \mathrm{i}(x \mathrm{d}y + y \mathrm{d}x)$$

根据格林公式，上式化为

$$\oint_L z\mathrm{d}z \equiv \iint_D \left(\frac{\partial(-y)}{\partial x} - \frac{\partial x}{\partial y}\right)\mathrm{d}x\mathrm{d}y + \mathrm{i}\iint_D \left(\frac{\partial x}{\partial x} - \frac{\partial y}{\partial y}\right)\mathrm{d}x\mathrm{d}y = 0 \qquad (4\text{-}33)$$

式中，D 是闭曲线 L 所围成的区域。

式（4-33）表明，我们的猜想是成立的，进一步自然会想，是不是对任何的函数 $f(z)$ 都有

$$\oint_L f(z)\mathrm{d}z = 0$$

先看一个简单的函数 $f(z) = 2y + \mathrm{i}x$，代入上式得

$$\oint_L (2y + \mathrm{i}x)(\mathrm{d}x + \mathrm{i}\mathrm{d}y) = \oint_L (2y\mathrm{d}x - x\mathrm{d}y) + \mathrm{i}(2y\mathrm{d}y + x\mathrm{d}x)$$

$$= \iint_D \left(\frac{\partial(-x)}{\partial x} - \frac{\partial(2y)}{\partial y}\right)\mathrm{d}x\mathrm{d}y + \mathrm{i}\iint_D \left(\frac{\partial(2y)}{\partial x} - \frac{\partial x}{\partial y}\right)\mathrm{d}x\mathrm{d}y$$

$$\neq 0$$

由此可见，上述的等式并非对任意的函数 $f(z)$ 都成立。但是"沿闭曲线的积分等于零"是个十分重要的概念，与"存在等位线或等位面"和"积分与路径无关"可谓三位一体；因此，研究满足上列各个等式的函数实属必要。这就是行将讨论的。

定义 4.3　设有以复数 z 为自变量的复变函数

$$f(z) = u(x,\ y) + \mathrm{i}v(x,\ y)$$

其实部 $u(x,\ y)$ 和虚部 $v(x,\ y)$ 均具有连续的一阶偏导数，且沿复平面上任一闭曲线 L 的积分都满足条件

$$\oint_L f(z)\mathrm{d}z = 0 \qquad (4\text{-}34)$$

则函数 $f(z)$ 称为解析函数，简称是解析的。

刚才已经指出，并非所有的复变函数都满足条件（4-34）。换句话说，一个复变函数 $f(z)$ 要成为解析的，必须具备相应的条件。究竟是什么样的条件？请往下看。

4.2.3　柯西-黎曼方程

将函数 $f(z)$ 代入等式（4-34），直接积分得

$$\oint_L f(z)\mathrm{d}z = \oint_L \big(u(x,\ y) + \mathrm{i}v(x,\ y)\big)(\mathrm{d}x + \mathrm{i}\mathrm{d}y)$$

$$= \oint_L \big(u(x,\ y)\mathrm{d}x - v(x,\ y)\mathrm{d}y\big) + \mathrm{i}\big(u(x,\ y)\mathrm{d}y + v(x,\ y)\mathrm{d}x\big)$$

$$= \iint_D \left(\frac{\partial(-v)}{\partial x} - \frac{\partial u}{\partial y}\right)\mathrm{d}x\mathrm{d}y + \mathrm{i}\iint_D \left(\frac{\partial u}{\partial x} - \frac{\partial v}{\partial y}\right)\mathrm{d}x\mathrm{d}y \qquad (4\text{-}35)$$

式（4-35）中，D代表由闭曲线L所围成的区域。从式（4-35）立即可知：

$$\frac{\partial u}{\partial x} = \frac{\partial v}{\partial y}, \quad \frac{\partial u}{\partial y} = -\frac{\partial v}{\partial x}$$

是函数$f(z)$解析的必要条件，是不是充分条件呢？且看下面的定理。

定理4.3 函数$f(z) = u(x, y) + iv(x, y)$解析的充要条件是

① 其实部$u(x, y)$和虚部$v(x, y)$的所有偏导数存在且连续；

② 满足条件

$$\frac{\partial u}{\partial x} = \frac{\partial v}{\partial y}, \quad \frac{\partial u}{\partial y} = -\frac{\partial v}{\partial x} \tag{4-36}$$

上列两个等式称为柯西-黎曼条件（Cauchy-Riemann Condition）。

定理4.3是自然的结果。事实上，在应用格林公式时，见等式（4-35），已经默认其中所含的所有偏导数存在且连续，即定理4.3中的条件①。否则，格林公式不一定成立。因此，定理4.3与等式（4-35）右端等于零是互为因果的。

据上可知，判定一个函数$f(z)$是否解析，需借助柯西-黎曼条件，以后简称为C-R条件，比应用条件（4-34）更为方便。现举例如下。

例4.10 试判定下列函数是否解析：

① $f(z) = z^2 = x^2 - y^2 + i2xy$；

② $f(z) = y + ix$；

③ $f(z) = |x| - i|y|$。

解 ① 此时$u(x, y) = x^2 - y^2$，$v(x, y) = 2xy$，应用C-R条件，可知

$$\frac{\partial u}{\partial x} = 2x = \frac{\partial v}{\partial y}, \quad \frac{\partial u}{\partial y} = -2y = -\frac{\partial v}{\partial x}$$

且函数$2x$和$-2y$连续，因此所论函数$f(z) = z^2$解析。

解 ② 此时$u(x, y) = y$，$v(x, y) = x$，应用C-R条件，有

$$\frac{\partial u}{\partial x} = 0 = \frac{\partial v}{\partial y}, \quad \frac{\partial u}{\partial y} = 1 \neq -\frac{\partial v}{\partial x} = -1$$

未能满足条件。因此所论函数$f(z) = y + ix$不是解析函数。

解 ③ 此时$u(x, y) = |x|$，$v(x, y) = -|y|$，为便于求导，宜于分象限进行。

第一象限，此时$u(x, y) = x$，$v(x, y) = -y$，应用C-R条件，得

$$\frac{\partial u}{\partial x} = 1 \neq \frac{\partial v}{\partial y} = -1$$

第一个条件就不满足，所论函数$f(z) = x - iy$不解析；

第 二 象 限 ， 此 时 $u(x, y) = -x$，$v(x, y) = -y$，而 所 论 函 数 成 为

$f(z) = -(x + iy) = -z$ ，解析；

第三象限，此时 $u(x, y) = -x$ ，$v(x, y) = y$ ，所论函数 $f(z) = -x + iy$ ，正好与第1象限的 $f(z) = x - iy$ 差一个负号，因此也不解析；

第四象限，此时 $u(x, y) = x$ ，$v(x, y) = y$ ，所论函数 $f(z) = x + iy$ ，显然解析。

综上所述，函数 $f(z) = |x| - i|y|$ 在第一和第三象限不解析，而在第二和第四象限解析。

4.2.4 几点说明

面向工科读者，本书是从"积分与路径无关""沿闭曲线积分等于零"这些比较工程化的概念引入并定义解析函数的，这同历史上的做法大相径庭！现在特予澄清，并恢复历史的原貌。

① 在复平面的某一区域 D 内，如果 $f(z)$ 对于域 D 内的每个复数 z 都相应取值一个或多个，则称 $f(z)$ 为定义于域 D 的复变函数。若无特殊说明，今后本书总认定函数 $f(z)$ 是单值的。

定义 4.4 设函数在域 D 上有定义，复数 z 为 D 的内点，如果

$$\lim_{\Delta z \to 0} \frac{f(z + \Delta z) - f(z)}{\Delta z} \tag{4-37}$$

存在且唯一，则称函数 $f(z)$ 在点 z 处可导，该极限值称作函数 $f(z)$ 在点 z 处的导数，记为 $\dfrac{\mathrm{d}f}{\mathrm{d}z}$ 或 $f'(z)$ 。如果函数 $f(z)$ 在 D 内处处可导，则称在 D 内可导，为解析函数，$f'(z)$ 为其导数。

例 4.11 试根据上述定义验证函数

$$f(z) = z^2 = x^2 - y^2 + i2xy$$

在复平面上处处可导。

解 根据上述定义，在极限式（4-37）中取 $\Delta z = \Delta x + i\Delta y$ ，有

$$\frac{f(z + \Delta z) - f(z)}{\Delta z} = \frac{(x + \Delta x)^2 - (y + \Delta y)^2 + 2i(x + \Delta x)(y + \Delta y) - (x^2 - y^2 + i2xy)}{\Delta x + i\Delta y}$$

$$= 2x + i2y + \frac{(\Delta x)^2 - (\Delta y)^2 + 2i\Delta x\Delta y}{\Delta x + i\Delta y}$$

显然可见，Δx 和 Δy 不论沿任何路线趋近于零，上式右方最后一项都趋近于零。因此得唯一的极限值，即函数 $f(z) = z^2$ 的导数

$$\lim_{\Delta z \to 0} \frac{f(z + \Delta z) - f(z)}{\Delta z} = 2x + \mathrm{i}2y$$

不难看出，上述论证与 z 的取值无关，即所论函数在复平面上处处可导。

例4.11只涉及个别函数，在一般情况下，如何求函数 $f(z)$ 的导数？先将函数 $f(z)$ 表示成其实部 $u(x, y)$ 与虚部 $v(x, y)$ 之和

$$f(z) = u(x, y) + \mathrm{i}v(x, y)$$

并取 $\Delta z = \Delta x + \mathrm{i}\Delta y$；然后根据上述定义

$$\begin{aligned}
f'(z) &= \lim_{\Delta z \to 0} \frac{f(z + \Delta z) - f(z)}{\Delta z} \\
&= \lim_{\substack{\Delta x \to 0 \\ \Delta y \to 0}} \frac{1}{\Delta x + \mathrm{i}\Delta y} \big(u(x + \Delta x, y + \Delta y) + \mathrm{i}v(x + \Delta x, y + \Delta y) - u(x, y) - \mathrm{i}v(x, y) \big)
\end{aligned}$$

$$(4\text{-}38)$$

其次设 $\Delta z = \Delta x + \mathrm{i}\Delta y$ 只包含实部，即式（4-38）化为

$$\begin{aligned}
f'(z) &= \lim_{\Delta x \to 0} \left(\frac{u(x + \Delta x, y) - u(x, y)}{\Delta x} + \mathrm{i}\frac{v(x + \Delta x, y) - v(x, y)}{\Delta x} \right) \\
&= \frac{\partial u}{\partial x} + \mathrm{i}\frac{\partial v}{\partial x}
\end{aligned}$$

$$(4\text{-}39)$$

再其次设 $\Delta z = \Delta x + \mathrm{i}\Delta y$ 只包含虚部，即式（4-38）化为

$$\begin{aligned}
f'(z) &= \lim_{\Delta y \to 0} \left(\frac{u(x, y + \Delta y) - u(x, y)}{\mathrm{i}\Delta y} + \mathrm{i}\frac{v(x, y + \Delta y) - v(x, y)}{\mathrm{i}\Delta y} \right) \\
&= \frac{1}{\mathrm{i}}\frac{\partial u}{\partial y} + \frac{\partial v}{\partial y}
\end{aligned}$$

$$(4\text{-}40)$$

大家知道，函数 $f(z)$ 的导数是唯一的，与 Δz 沿什么方向趋近于零无关。因此，式（4-39）和式（4-40）都是 $f(z)$ 的导数，令式（4-39）和式（4-40）相等

$$\frac{\partial u}{\partial x} + \mathrm{i}\frac{\partial v}{\partial x} = \frac{1}{\mathrm{i}} \cdot \frac{\partial u}{\partial y} + \frac{\partial v}{\partial y} \tag{4-41}$$

最后得

$$\frac{\partial u}{\partial x} = \frac{\partial v}{\partial y}, \quad \frac{\partial u}{\partial y} = -\frac{\partial v}{\partial x}$$

这就是C-R条件，也是函数 $f(z)$ 解析的充分必要条件。

在笔者所见到过的相关书籍中，其对解析函数的定义大致如上所述，只是并不每次强调所用到的偏导数存在而且连续。目的是让初学者抓住要点，击中要害。

②据上可知，习惯上对解析函数的阐述薪火相传，时至今日已臻完美，本

书另辟蹊径借助"沿闭曲线的积分等于零"即式（4-34）来定义解析函数，意在联系实际，为工科读者搭个台阶，使之早日登堂入室，领略数学魅力。绝无推倒重来之心，理由如下。

两种不同的定义得到的结论却是完全一样的：函数 $f(z)=u(x,\ y)+iv(x,\ y)$ 可导的充要条件是

$$\frac{\partial u}{\partial x}=\frac{\partial v}{\partial y},\ \ \frac{\partial u}{\partial y}=-\frac{\partial v}{\partial x}$$

上式就是熟知的 C-R 条件。

可见：两种定义互为表里，而本书的定义应该说是所沿用定义的传承。

上面再次引用 C-R 条件，希望读者铭记在心，产生联想。前人常把铜钱穿成一串，以免丢失。有鉴于此，将概念抱成一团，则不易遗忘。就眼下来说，最可能联想到的是格林公式

$$\iint\limits_{D}\left(\frac{\partial Q}{\partial x}-\frac{\partial P}{\partial y}\right)\mathrm{d}x\mathrm{d}y=\oint\limits_{L}P\mathrm{d}x+Q\mathrm{d}y$$

同 C-R 条件两相对照，若视 $Q(x,\ y)$ 和 $P(x,\ y)$ 为 $u(x,\ y)$ 和 $v(x,\ y)$，则

$$\frac{\partial u}{\partial x}=\frac{\partial v}{\partial y}\left(\frac{\partial u}{\partial x}-\frac{\partial v}{\partial y}=0\right)\sim\frac{\partial Q}{\partial x}-\frac{\partial P}{\partial y}=0$$

由此会联想到"沿闭曲线的积分等于零""积分与路径无关"。由后者又会联想"等位线或等位面"，出现了场。存在等位线或等位面的场——位势场，与旋度是相互排斥的。对于旋度有兴趣的读者可以参阅拙著《高数笔谈》（东北大学出版社，2016年12月出版）。

归纳之后，不难看出：上述各种概念实际上是同一客观事物从各种不同角度去观察所致的结果。它们往往互为充要条件，知其一即知其二。但要做到了然于心，则需胸有成竹，深思熟虑。"竹"在何处？请看下例。

例4.12 设有一巨大平台，其上下、左右和前后均趋于无穷。从中取一垂直截面，如图4-13所示。记图上 $y=$ 常数的平行线为等高线，$x=$ 常数的垂直线为引力线。这样一来，就可将其视为一个平面场。并简记为 G。

现在开始探索，试问将一单位质点放在场 G 上转圈是否做功？答案是否定的，因为在任何位势场，即存在等位线的场，做功都与

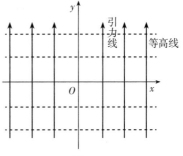

图4-13

路径无关，自然沿闭曲线或转圈所做的功等于零。再问，若将平面 xOy 作为复

平面，复数z作为单位质点，上述结论是否仍成立，即式（4-42）是否成立？

$$\oint_L z \mathrm{d}z = 0 \tag{4-42}$$

式（4-42）中L为任一闭曲线。答问之前，建议先试特殊情况：设闭曲线L为一边长等于2且以原点为中心的正方形，如图4-14（a）所示，此时

$$\oint_L z \mathrm{d}z = \int_{-1}^{1}(1+\mathrm{i}y)\mathrm{d}y - \int_{1}^{-1}(x+\mathrm{i})\mathrm{d}x - \int_{1}^{-1}(-1+\mathrm{i}y)\mathrm{d}y + \int_{-1}^{1}(x-\mathrm{i})\mathrm{d}x$$

$$= \left(y+\mathrm{i}\frac{y^2}{2}\right)\Big|_{-1}^{1} - \left(\frac{x^2}{2}+\mathrm{i}x\right)\Big|_{1}^{-1} - \left(-y+\mathrm{i}\frac{y^2}{2}\right)\Big|_{1}^{-1} + \left(\frac{x^2}{2}-\mathrm{i}x\right)\Big|_{-1}^{1}$$

$$= 2+2\mathrm{i}-2-2\mathrm{i} = 0$$

这表明积分(4-42)成立。上式右端第二和第三积分因积分路线反向，取负号。

再试个特殊情况，设$z = \mathrm{e}^{\mathrm{i}\theta}$，此时$\mathrm{d}z = \mathrm{i}\mathrm{e}^{\mathrm{i}\theta}\mathrm{d}\theta$，则积分(4-42)化为

$$\oint_L z \mathrm{d}z = \oint_L \mathrm{e}^{\mathrm{i}\theta} \cdot \mathrm{i}\mathrm{e}^{\mathrm{i}\theta}\mathrm{d}\theta = \oint_L \mathrm{i}\mathrm{e}^{2\mathrm{i}\theta}\mathrm{d}\theta$$

其中闭曲线L为以原点为圆心的单位圆，如图4-14（b）所示。据此得

$$\oint_L z \mathrm{d}z = \int_0^{2\pi} \mathrm{i}\mathrm{e}^{2\mathrm{i}\theta}\mathrm{d}\theta = \frac{1}{2}\mathrm{e}^{2\mathrm{i}\theta}\Big|_0^{2\pi} = 0$$

这表明积分（4-42）依然成立。

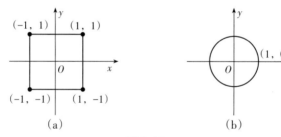

图4-14

建立了在特殊情况下的上述结论，还是第一步，下一步就可以实施证明了。记$z = x+\mathrm{i}y$，$\mathrm{d}z = \mathrm{d}x + \mathrm{i}\mathrm{d}y$，代入积分（4-42），得

$$\oint_L z \mathrm{d}z = \oint_L (x+\mathrm{i}y)(\mathrm{d}x + \mathrm{i}\mathrm{d}y)$$

$$= \oint_L (x\mathrm{d}x - y\mathrm{d}y) + \mathrm{i}(x\mathrm{d}y + y\mathrm{d}x)$$

$$= \iint_D \left(\frac{2(-y)}{\partial x} - \frac{\partial x}{\partial y}\right)\mathrm{d}x\mathrm{d}y + \mathrm{i}\iint_D \left(\frac{\partial x}{\partial x} - \frac{\partial y}{\partial y}\right)\mathrm{d}x\mathrm{d}y$$

$$= 0$$

式中，L为任一闭曲线，D是其所围成的区域。在推演过程中，借助了格林公式。

草创例4.12的主旨在于：先出现了一个平面场，即如图4-13所示的引力场，继而就出现一个解析函数z。就是说，一旦出现一个平面场，继而就会出现一个解析函数。为进一步解析这种观点，再看一个例子。

例4.13　设有一平面场，记作G，其等高线由函数$2xy=$常数描述，引力线由函数$x^2-y^2=$常数描述，如图4-15所示。可以认为，某地天生一对高山，难辨异同，互峙迄今。从卫星上下望，看到的这对高山就是图上的等高线。

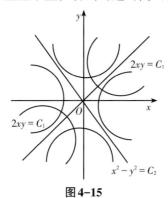

图4-15

例4.13和例4.12实质相似，但复杂一些，有必要先交代一个问题。

引力线与等高线的梯度虽然指向相反，但同梯度一样，必然与等高线相互垂直。就例4.13而言，是否如此？尚待验证。为此，让大家一起来复习一下求光滑平面曲线的法线。

设有二元函数$f(x,y)=0$，其图形是一条光滑曲线，如图4-16所示。准备求曲线上某点$P_0(x,y)$处的法线。

第一步，将点$P_0(x,y)$沿曲线滑动至点$P_1(x+\Delta x,\ y+\Delta y)$，计算函数$f(x,y)=0$由此获得的增量

$$\Delta f=\frac{\partial f}{\partial x}\Delta x+\frac{\partial f}{\partial y}\Delta y=\left(\frac{\partial f}{\partial x}\boldsymbol{i}+\frac{\partial f}{\partial y}\boldsymbol{j}\right)(\Delta x\boldsymbol{i}+\Delta y\boldsymbol{j})$$

$$=\vec{n}\cdot\overrightarrow{P_0P_1} \tag{4-43}$$

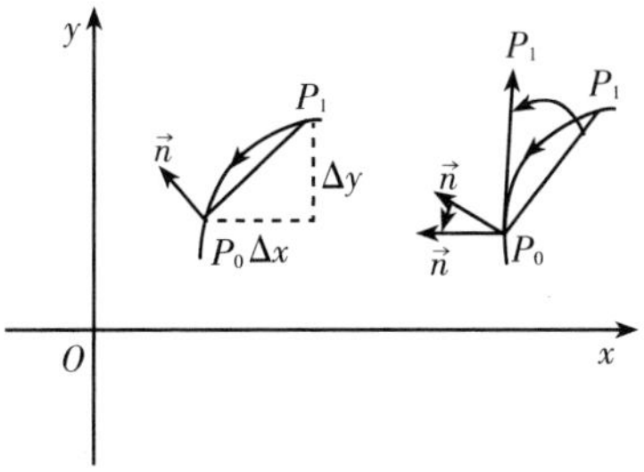

图4-16

式（4-43）中，定义向量

$$\vec{n} = \frac{\partial f}{\partial x}\boldsymbol{i} + \frac{\partial f}{\partial y}\boldsymbol{j}, \quad \overrightarrow{P_0 P_1} = \Delta x \boldsymbol{i} + \Delta y \boldsymbol{j}$$

如图4-16所示。

第二步，将点 P_1 沿曲线下滑，使之无限趋近于点 P_0，并取极限。显然，此时函数 $f(x, y)$ 的增量 $\Delta f \to 0$，而式（4-43）化为

$$\left(\frac{\partial f}{\partial x}\boldsymbol{i} + \frac{\partial f}{\partial y}\boldsymbol{j}\right) \cdot (\Delta x \boldsymbol{i} + \Delta y \boldsymbol{j}) = \vec{n} \cdot \overrightarrow{P_0 P_1} = 0 \qquad (4\text{-}44)$$

并从图4-16显然可见，向量 $\overrightarrow{P_0 P_1}$ 的极限位置正是曲线在点 P_0 处的切线，向量

$$\vec{n} = \frac{\partial f}{\partial x}\boldsymbol{i} + \frac{\partial f}{\partial y}\boldsymbol{j} \qquad (4\text{-}45)$$

的极限位置 $\vec{n}$ 和切线 $\overrightarrow{P_0 P_1}$ 的数量积等于零，两相垂直，自然便是曲线在点 P_0 处的法线。

熟知了求平面曲线法线 $\vec{n}$ 的方法，回到正题，判断场 G 的等高线和引力线是否相互垂直或者正交。已知场 G 的等高线和引力线的方程分别为

$$2xy = C_1, \quad x^2 - y^2 = C_2$$

式中，C_1 和 C_2 均是常数。记等高线的法向量为 $\vec{n}_1$，引力线为 $\vec{n}_2$，则根据式（4-45），得

$$\vec{n}_1 = 2y\boldsymbol{i} + 2x\boldsymbol{j}, \quad \vec{n}_2 = 2x\boldsymbol{i} - 2y\boldsymbol{j}$$

两者的数量积

$$\vec{n}_1 \cdot \vec{n}_2 = (2y\boldsymbol{i} + 2x\boldsymbol{j}) \cdot (2x\boldsymbol{i} - 2y\boldsymbol{j}) = 0$$

上式表明：平面场 G 的等高线和引力线相互正交。这是必然的，实为平面场的本质属性。为什么这样讲？请看下面的说明。

为易于理解，改记等高线和引力线的方程分别是

$$u(x, y) = 2xy = C_1, \quad v(x, y) = x^2 - y^2 = C_2$$

则

$$\vec{n}_1 = \frac{\partial u}{\partial x}\boldsymbol{i} + \frac{\partial u}{\partial y}\boldsymbol{j}, \quad \vec{n}_2 = \frac{\partial v}{\partial x}\boldsymbol{i} + \frac{\partial v}{\partial y}\boldsymbol{j}$$

由此式可知

$$\vec{n}_1 \cdot \vec{n}_2 = \frac{\partial u}{\partial x}\frac{\partial v}{\partial x} + \frac{\partial u}{\partial y}\frac{\partial v}{\partial y}$$

令 $\vec{n}_1 \cdot \vec{n}_2 = 0$，得

$$\frac{\partial u}{\partial x} \cdot \frac{\partial v}{\partial x} = -\frac{\partial u}{\partial y} \cdot \frac{\partial v}{\partial y}$$

显然，任何函数的两个偏导数不会自行相等，上式的解必然是

$$\frac{\partial u}{\partial x} = \frac{\partial v}{\partial y}, \quad \frac{\partial u}{\partial y} = -\frac{\partial v}{\partial x}$$

这正是屡见不鲜的 C-R 条件。

发现了以上结论，可以确信：所介绍的平面场 G 应该是对应于某一解析函数的客观实际。不难看出，这个解析函数就是见过多次的函数 $f(z) = z^2$。希读者自己予以证实。

上述例子俯拾皆是，读者不妨枚举一二，以加深理解。下面将讨论一般的情况，设有函数 $f(z) = f(x + iy)$，具有连续的偏导数，且沿任何闭曲线 L 的积分

$$\oint_L f(z)dz = 0 \tag{4-46}$$

试求 $f(z)$ 所应满足的条件。

记函数的实部为 $u(x, y)$，虚部为 $v(x, y)$，并代入上式，有

$$\begin{aligned}
\oint_L f(z)dz &= \oint_L \big(u(x, y) + iv(x, y)\big)(dx + idy) \\
&= \oint_L \big(u(x, y)dx - v(x, y)dy\big) + \oint_L i\big(v(x, y)dx + u(x, y)dy\big) \\
&= \iint_D \left(-\frac{\partial v}{\partial x} - \frac{\partial u}{\partial y}\right)dxdy + i\iint_D \left(\frac{\partial u}{\partial x} - \frac{\partial v}{\partial y}\right)dxdy
\end{aligned}$$

式中，D 代表由闭曲线在复平面上所围成的区域。从上式显然可知：C-R 条件

$$\frac{\partial u}{\partial x} = \frac{\partial v}{\partial y}, \quad \frac{\partial u}{\partial y} = -\frac{\partial v}{\partial x}$$

是积分(4-46)成立的充要条件。据此，可以总结成如下的定理。

定理 4.4 复变函数 $f(z)$ 解析的充要条件是沿复平面上任一光滑闭曲线 L 的积分等于零，即

$$\oint_L f(z)dz = 0$$

此定理称为柯西定理。

值得说明的是，本书对柯西定理的阐述与一般略有不同，但对工科读者而言，实非要点，不拟赘言。这样写的原因可谓旧话重提：将平面场与解析函数咬在一起，把积分与路径无关、沿闭曲线的积分等于零、格林公式和 C-R 条件都捆成一束，以减轻初学者的困难，培养适于工科的思维方式。

4.3 习题

1. 一个复数 z 有哪几种表示方法？试加以列举，并绘图说明。

2. 设有复数 $z_1 = 3 + 4i$，$z_2 = z - i$，试求：

（1）$z_1 + z_2$；　　　（2）$z_2 - z_1$；（3）$z_1 z_2$；　　（4）z_1/z_2；

（5）$z_1^* z_2 + z_1 z_2^*$；　（6）z_2^2；　　　（7）$\ln z_1$；　　（8）$(1 + z_1 + z_2)^{\frac{1}{2}}$。

3. 试在复平面上绘制如下方程的图形：

（1）$z - 1 = 3e^{i\theta}$；

（2）$z = 1 - i + (4 + 2i)t + (2 + i)t^2$，其中 t 为实参数。

4. 已知在复平面上的图形满足

（1）$\operatorname{Re} z^2 = \operatorname{Im} z^2$；

（2）$\operatorname{Im} z^2 / z^2 = -i$；

（3）$\arg\big(z/(z-1)\big) = \dfrac{\pi}{2}$。

试写出以 x 和 y 为变量表示的上述图形的方程。

5. 在复平面存在一些几何图形，如图 4-17 所示，试写出它们的方程。

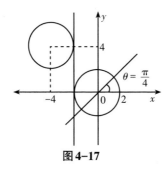

图 4-17

6. 试写出下列复数的代数式：

（1）$\sqrt[4]{1}$；（2）$\sqrt[4]{-1}$；（3）$\sqrt[4]{1} + i\sqrt[4]{-1}$；（4）$\sqrt[5]{1 + i}$；（5）$\sqrt{i - 1}$。

7. 已知复数 z 满足等式

$$\frac{x + 1 + i(y - 3)}{5 + 3i} = 1 + i$$

试求 z。

8. 试求下列复数的模、实部、虚部、共轭复数和幅角的主值：

（1）$\dfrac{3}{1 - 2i}$；（2）$\dfrac{i}{1 - i} + \dfrac{1 - i}{i}$；（3）$(1 + 2i)(2 + \sqrt{3}i)$；

（4）$\dfrac{(3 + 4i)(2 - 5i)}{2i}$；（5）$i^{22} - 4i^{21} + i^8 + i^5 + 1$。

9. 已知复平面上的图形满足方程

（1）$z - (4i + 4j) = 2e^{i\theta}$；（2）$z - (2 + iy) = 0$。

试绘图并验证。

10. 试根据复数的乘法法则，并设 $z = e^{i\theta}$，证明棣莫弗公式。在公式中分别取 $\theta = \dfrac{\pi}{6}, \dfrac{\pi}{4}, \dfrac{\pi}{3}, \dfrac{\pi}{2}$，看公式是否成立。

11. 设法证明下列等式：

$$\sin 3\theta = 3\cos^2\theta\sin\theta - \sin^3\theta,$$
$$\cos 3\theta = \cos^3\theta - 3\cos\theta\sin^2\theta,$$

并予以验证。

12. 根据求解题11的思路，解答

（1） $\sin 4\theta = ?$ （2） $\cos 4\theta = ?$

并依此证实

$$\cos\frac{\pi}{8} = \left(\frac{2+\sqrt{2}}{4}\right)^{\frac{1}{2}}$$

13. 试求复数 $z_1 = e^{i\theta_1}$ 和 $z_2 = e^{i\theta_2}$ 的乘积，并据此解答

（1） $\sin(\theta_1 + \theta_2) = ?$ （2） $\cos(\theta_1 + \theta_2) = ?$

14. 设题13中的复数 $z_1 = e^{i\theta}$ 和 $z_2 = e^{-i\theta}$，如图4–18所示。试据图上的辅助线说明以下各式的几何意义。

（1） $\sin 2\theta = 2\sin\theta\cos\theta$ ；（2） $\cos 2\theta = 1 - 2\sin^2\theta$。

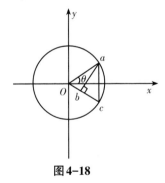

图4–18

4.4 积分

前面已经用过了复变函数的积分，但还没有定义。原因在于，复变函数虽然远比实变函数复杂，可是就积分的定义而论，同实变函数的曲线积分并无二致，有如下述。

为省事起见，在以下的论述，遇到的函数 $f(z)$ 都是连续并存在连续的偏导数，曲线都是光滑的，区域都是单连通的。

设有函数 $f(z) = u(x,y) + iv(x,y)$，以点 a 为起点，点 b 为终点的曲线 L，

如图 4-19 所示。在曲线 L 上任取 n 个点，依次为 $a = z_0$, z_1, $\cdots$, z_{k-1}, z_k, $\cdots$, $z_n =$ b，将其分成 n 个小弧段 $\overgroup{z_{k-1}z_k}$，然后

① 在各弧段 $\overgroup{z_{k-1}z_k}$ 上任取一点，记作 ξ_k；

② 作和式

$$s_n = \sum_{k=1}^{n} f(\xi_k)\Delta z_k$$

式中，$\Delta z_k = z_k - z_{k-1}$，并记 $|\Delta z_k| = |z_k - z_{k-1}|$；

③ 求极限

$$\lim_{n \to \infty} s_n = \lim_{|\Delta z_k| \to 0} \sum_{k=1}^{n} f(\xi_k)\Delta z_k$$

如果不论对曲线 L 如何分段，段中的点 ξ_k 如何选取，当 n 趋于无穷且每个 Δz_k 都趋于零时，上式总存在极限而且唯一，则此极限称为函数 $f(z)$ 沿曲线 L 的积分，记作

$$\int_L f(z)\mathrm{d}z = \lim_{n \to \infty} \sum_{k=1}^{n} f(\xi_k)\Delta z_k \tag{4-47}$$

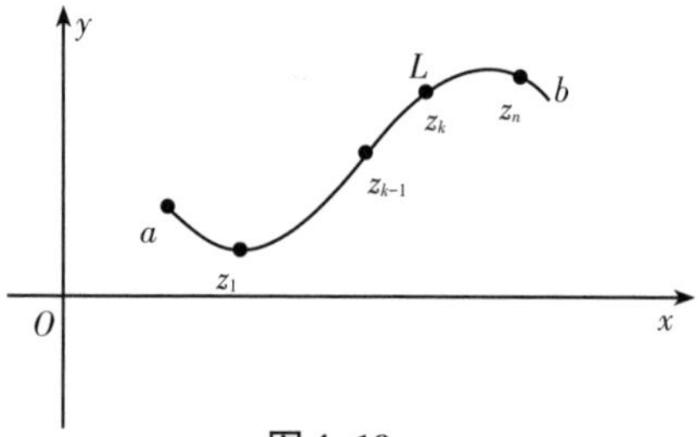

图 4-19

可见，复变函数的积分定义和实变函数的基本一样，属性雷同，不多引述，仅择其要者，转录如下。

① 函数 $f(z) = u(x, y) + iv(x, y)$ 沿曲线 L 在复平面上的积分

$$\begin{aligned}
\int_L f(z)\mathrm{d}z &= \int_L (u + iv)(\mathrm{d}x + i\mathrm{d}y) \\
&= \int_L u\mathrm{d}x - v\mathrm{d}y + i\int_L v\mathrm{d}x + u\mathrm{d}y
\end{aligned} \tag{4-48}$$

可据上式化成右端的实变函数的曲线积分。

② 如果改变积分方向，则积分易号：

$$\int_{L^-} f(z)\mathrm{d}z = -\int_L f(z)\mathrm{d}z \tag{4-49}$$

式中，L^- 表示与沿 L 的积分方向相反。

③ 积分的绝对值小于或等于被积式绝对值的积分：

$$\left|\int_L f(z)\mathrm{d}z\right| \le \int_L |f(z)||\mathrm{d}z| \qquad (4\text{-}50)$$

上述三项的证明不算困难，有兴趣的读者，可以一试牛刀，当作练习。

例4.14 计算积分

$$I = \int_L z\mathrm{d}z$$

① L是一条直线，起点是原点，终点是点 $b(1, \mathrm{i})$；

② L是一条折线，由直线段 L_1 和 L_2 组成。

如图4-20所示。

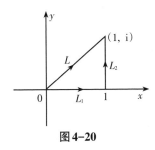

图4-20

解 ① 在直线 L 上，有

$$z = x + \mathrm{i}y = (1+\mathrm{i})x,\ \mathrm{d}z = (1+\mathrm{i})\mathrm{d}x$$

因此

$$\int_L z\mathrm{d}z = \int_0^1 (1+\mathrm{i})^2 x\mathrm{d}x = \frac{x^2}{2}(1+\mathrm{i})^2\Big|_0^1 = \mathrm{i}$$

解 ② 在线段 L_1 和 L_2 上，分别有

$$z = x,\ \mathrm{d}z = \mathrm{d}x;\ z = 1+\mathrm{i}y,\ \mathrm{d}z = \mathrm{i}\mathrm{d}y$$

因此

$$\int_L z\mathrm{d}z = \int_{L_1} z\mathrm{d}z + \int_{L_2} z\mathrm{d}z = \int_0^1 x\mathrm{d}x + \mathrm{i}\int_0^1 (1+\mathrm{i}y)\mathrm{d}y = \frac{1}{2} + \mathrm{i}\left(1+\frac{\mathrm{i}}{2}\right) = i$$

看完答案后，读者可能会产生不少问题：

其一，积分路径不一样，答案却一样，难道就是"积分与路径无关"？任何函数 $f(z)$ 都对?

其二，直接仿照实函数的积分，有

$$\int_L z\mathrm{d}z = \int_0^{1+\mathrm{i}} z\mathrm{d}z = \frac{z^2}{2}\Big|_0^{1+\mathrm{i}} = \frac{(1+\mathrm{i})^2}{2} = \mathrm{i}$$

答案完全一样，这是必然抑或巧合？

上述问题值得思考，进一步探索。为此，再看一些例子。

例 4.15 已知 $f(z) = x - \mathrm{i}y$ ，计算积分

$$I = \int_L f(z)\mathrm{d}z$$

积分路径 L 同例 4.14。

解 1 在如图 4-20 所示的直线 L 上，有

$$f(z) = x - \mathrm{i}y = (1 - \mathrm{i})x, \; \mathrm{d}z = (1 + \mathrm{i})\mathrm{d}x$$

因此

$$\int_L z\mathrm{d}z = \int_0^1 (1 + \mathrm{i})^2 x\mathrm{d}x = i$$

解 2 在线段 L_1 和 L_2 上，分别有 $z = x$ ，$\mathrm{d}z = \mathrm{d}x$ ；$z = 1 + \mathrm{i}y$ ，$\mathrm{d}z = \mathrm{i}\mathrm{d}y$ 因此

$$\int_L f(z)\mathrm{d}z = \int_{L_1} f(z)\mathrm{d}z + \int_{L_2} f(z)\mathrm{d}z = \int_0^1 x\mathrm{d}x + \int_0^1 (1 + \mathrm{i}y)\mathrm{i}\mathrm{d}y = \frac{1}{2} + \left(\mathrm{i} + \frac{1}{2}\right) = 1 + \mathrm{i}$$

从例 4.15 可以知道，并非任何函数 $f(z)$ 在复平面上的积分都与路径无关。这是老问题了，大家多半已熟谙于心；函数解析为积分与路径无关的充要条件。反观此例，函数

$$f(z) = x - \mathrm{i}y$$

显然不满足 C-R 条件，所以积分路径不同，结果自然相左。

前面在例 4.14 之后，列出了两个问题。以上所述解答了"其一"的问题，"其二"的问题事实也解答了，只是间接了一些。为此，今后还有下文。

例 4.16 设有函数

$$f(z) = \frac{1}{z} = \frac{1}{x + \mathrm{i}y} = \frac{1}{x^2 + y^2}(x - \mathrm{i}y)$$

试求其沿下列路径的积分：

① L_1 ；② L_2 ；③ L_3 ，由 L_{31} 和 L_{32} 组成；

④ L_4 ；⑤ L_5 ：以原点为圆心的单位圆。

如图 4-21 所示。

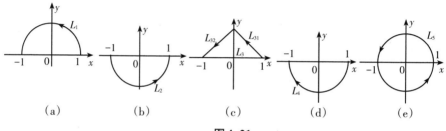

图 4-21

解　① 取 θ 为参数，沿路径 L_1 上显然有

$$x = \cos\theta \ , \quad y = \sin\theta \ , \quad 0 \leqslant \theta \leqslant \pi$$

且

$$f(z) = \frac{1}{z} = \frac{1}{\cos\theta + \mathrm{i}\sin\theta} = \cos\theta - \mathrm{i}\sin\theta$$

$$\mathrm{d}z = \mathrm{d}x + \mathrm{i}\,\mathrm{d}y = (-\sin\theta + \mathrm{i}\cos\theta)\mathrm{d}\theta$$

将上列各式代入原积分，虽然可以得到正确的结果，但计算量过重。就此例而言，宜取

$$z = \mathrm{e}^{\mathrm{i}\theta}, \ \mathrm{d}z = \mathrm{i}\mathrm{e}^{\mathrm{i}\theta}\mathrm{d}\theta$$

代入原积分，得

$$\int_{L_1}\frac{\mathrm{d}z}{z} = \int_0^\pi \frac{\mathrm{i}\mathrm{e}^{\mathrm{i}\theta}}{\mathrm{e}^{\mathrm{i}\theta}}\mathrm{d}\theta = \mathrm{i}\theta \Big|_0^\pi = \pi\mathrm{i}$$

② 仿解①的做法，得

$$\int_{L_2}\frac{\mathrm{d}z}{z} = \int_{-\pi}^0 \mathrm{i}\mathrm{d}\theta = \pi\mathrm{i}$$

③ 取 t 为参数，沿折线 L_{31} 和 L_{32} 上显然分别有

$$L_{31}: \ z = 1 - t + \mathrm{i}t, \ \ 0 \leqslant t \leqslant 1$$

$$L_{32}: \ z = -t + \mathrm{i}(1-t), \ \ 0 \leqslant t \leqslant 1$$

由此得

$$\int_{L_3}\frac{1}{z}\mathrm{d}z = \int_0^1 \frac{-1+\mathrm{i}}{1-t+\mathrm{i}t}\mathrm{d}t + \int_0^1 \frac{-1-\mathrm{i}}{-t+\mathrm{i}(1-t)}\mathrm{d}t$$

$$= \int_0^1 \frac{-1+\mathrm{i}}{(1-t)+\mathrm{i}t}\mathrm{d}t + \int_0^1 \frac{\mathrm{i}(-1-\mathrm{i})}{\mathrm{i}[-t+\mathrm{i}(1-t)]}\mathrm{d}t$$

$$= 2\int_0^1 \frac{-1+\mathrm{i}}{(1-t)+\mathrm{i}t}\mathrm{d}t = 2\int_0^1 \frac{(-1+\mathrm{i})(1-t-\mathrm{i}t)}{(1-t)^2+t^2}\mathrm{d}t$$

$$= 2\int_0^1 \frac{2t-1}{1-2t+2t^2}\mathrm{d}t + \mathrm{i}\int_0^1 \frac{2}{1-2t+2t^2}\mathrm{d}t$$

$$= \left[\ln(1-2t+2t^2)\right]_0^1 + \mathrm{i}\left[2\arctan(2t-1)\right]_0^1$$

$$= 0 + \mathrm{i}\left[\frac{\pi}{2} - \left(-\frac{\pi}{2}\right)\right] = \pi\mathrm{i}$$

④ 参见解②可知沿 L_4 和 L_2 的积分路径完全一样，但方向相反。因此

$$\int_{L_4} z\mathrm{d}z = -\int_{L_2} z\mathrm{d}z = -\pi\mathrm{i}$$

⑤ 从图 4-21 可见，沿 L_5 的积分实际是沿整个圆周积分，正好等于沿 L_1 加上沿 L_2 的积分。因此

$$\int_{L_5} z \mathrm{d}z = \int_{L_1} z \mathrm{d}z + \int_{L_2} z \mathrm{d}z = \pi\mathrm{i} + \pi\mathrm{i} = 2\pi\mathrm{i}$$

看完上列答案后，发现一个引人注目的事实：沿 L_1 与 L_3 积分，两者的起点和终点一样，而路径互异；可是，答案丝毫不差，这是否积分与路径无关？此其一。其二，沿 L_1 与 L_4 积分两者的起点和终点相同，路径不同，答案也不同。这是否积分与路径有关？请问，函数没有变，一直是 $\dfrac{1}{z}$，时而积分与路径无关，时而有关，原因何在？

务希望记住，遇到复变函数的问题，首要是检验所论函数的解析性，工具为 C - R 条件。现在的函数

$$f(z) = \frac{1}{z} = \frac{1}{x + \mathrm{i}y} = \frac{x}{x^2 + y^2} - \mathrm{i}\frac{y}{x^2 + y^2}$$
$$= u(x,\ y) + \mathrm{i}v(x,\ y)$$

对上述函数应用 C - R 条件

$$\frac{\partial u}{\partial x} = \frac{\partial v}{\partial y},\ \frac{\partial u}{\partial y} = -\frac{\partial v}{\partial x}$$

得

$$\frac{\partial u}{\partial x} = \frac{1}{\left(x^2 + y^2\right)^2}\left[\left(x^2 + y^2\right) - x \cdot 2x\right] = \frac{y^2 - x^2}{\left(x^2 + y^2\right)^2}$$

$$\frac{\partial v}{\partial y} = \frac{-1}{\left(x^2 + y^2\right)^2}\left[\left(x^2 + y^2\right) - y \cdot 2y\right] = \frac{y^2 - x^2}{\left(x^2 + y^2\right)^2}$$

$$\frac{\partial u}{\partial y} = \frac{1}{\left(x^2 + y^2\right)^2}(-x \cdot 2y) = \frac{-2xy}{\left(x^2 + y^2\right)^2}$$

$$\frac{\partial v}{\partial x} = \frac{-1}{\left(x^2 + y^2\right)^2}(-y \cdot 2x) = \frac{2xy}{\left(x^2 + y^2\right)^2}$$

依上可见，函数 $\dfrac{1}{z}$ 是解析函数，其积分应该与路径无关，或者说沿闭曲线的积分等于零。但是，什么原因会造成"其二"的情况：例 4.16 中沿 L_1 与沿 L_4 的积分与路径有关，或者说沿闭曲线 L_5 的积分不等于零？读者如果仔细一看，那可能已经了如指掌，毛病就出在原点。在该点处，函数 $\dfrac{1}{z}$ 趋于无穷，哪有解析可言？像这样的点，函数 $f(z)$ 在该处不解析，就称为函数的"奇点"，对此将会予以专门的介绍。

例4.17 求函数 $f(z) = \dfrac{1}{z}$ 的积分，路径为闭曲线 L_1，如图 4 - 22 （a）所示。

解 从图 4.22 可见，曲线 L_1 包含原点，而刚才说过，原点是函数 $f(z)$ 的

奇点，直接计算其积分显然并非易事。可是，从例4.16沿 L_5，一个以原点为中心的单位圆的积分得到启发：如能把闭曲线 L_1 转化为一个圆，则大功告成，问题迎刃而解。

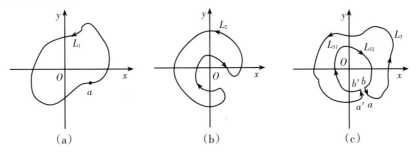

图4-22

下面的描述需要读者闭着眼睛，开动大脑，想着有个小蚂蚁在复平面上绕圈爬行，其路线依次如图4-22（a）（b）（c）所示。先沿着图4-22（a）的 L_1，继而沿着图4-22（b）的 L_2，随后沿着图4-22（c）的 L_3，爬行到最后一圈时，L_3 上的点 a 与点 a'、点 b 与点 b' 已无限趋近，合成一点，以至于 L_3 看似分化为外圈 L_{31} 和内圈 L_{32}，爬完三圈之后，蚂蚁该休息了，但它对函数 $f(z)=\dfrac{1}{z}$ 的积分有无贡献呢？

从图4-22可见，蚂蚁都是绕圈爬行的，圈内并无奇点，因此

$$\int_{L_1}\frac{1}{z}\mathrm{d}z=\int_{L_2}\frac{1}{z}\mathrm{d}z=\int_{L_3}\frac{1}{z}\mathrm{d}z=0$$

其中，沿 L_3 的积分是要点，从图4-22（c）不难看出，沿 ab 段的积分和沿 $a'b'$ 段的积分两者正好方向相背。当在极限状态下，两者合二而一，积分相互抵消，因此

$$\oint_{L_3}\frac{1}{z}\mathrm{d}z=\oint_{L_{31}}\frac{1}{z}\mathrm{d}z+\oint_{L_{32^-}}\frac{1}{z}\mathrm{d}z=0$$

请读者小心，上式中沿 L_{31} 的积分是逆时针，正方向（规定如此），而沿 L_{32^-} 的积分是顺时针，反方向。将后者改作正方向，并记为 L_{32}，则从上式得

$$\oint_{L_{31}}\frac{1}{z}\mathrm{d}z=\oint_{L_{32}}\frac{1}{z}\mathrm{d}z$$

细心回顾一下前面的论述，显然会总结出一个重要的成果：任何两条闭曲线若包含函数 $f(z)$ 相同的奇点，则沿其上的同向积分一定相等：

$$\oint_{C_1}f(z)\mathrm{d}z=\oint_{C_2}f(z)\mathrm{d}z \tag{4-51}$$

从图4-23可知，分两种情况：一是包含相同的奇点，如图4-23（a）（b）所

示；一是不包含奇点，如图4-23（c）所示。

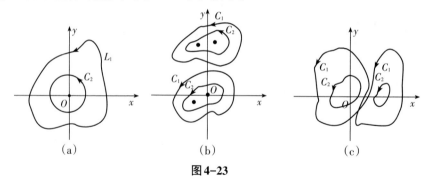

图 **4-23**

（·表示奇点）

借助上述成果（4-51），并参见图4-23（a），则可将此例中函数 $f(z) = 1/z$ 沿闭曲线 L_1 的积分，转化为沿以原点为中心的单位圆的积分：

$$\oint_{L_1} \frac{1}{z}\mathrm{d}z = \oint_{C_2} \frac{1}{z}\mathrm{d}z$$

式中，C_2 表示单位圆。事实上，在例4.16中已经有了所论积分的结果 $2\pi\mathrm{i}$。如今再算旧账，在于发现了更好的算法：一遇到积分路径为圆的情况，出手就用复数的指数式。据此，有

$$\oint_{C_2} \frac{1}{z}\mathrm{d}z = \oint_{C_2} \frac{\mathrm{i}\mathrm{e}^{\mathrm{i}\theta}}{\mathrm{e}^{\mathrm{i}\theta}}\mathrm{d}\theta = \int_0^{2\pi} \mathrm{i}\mathrm{d}\theta = 2\pi\mathrm{i}$$

答案未变，但简捷多了。

例4.18 试求函数 $f(z) = \dfrac{1}{z^n}$ $(n = 1, 2, \cdots)$ 沿闭曲线 L_1 的积分，L_1 如图4-23（a）所示。

解 参考例4.17可知

$$\begin{aligned}
\oint_{L_1} \frac{1}{z^n}\mathrm{d}z &= \oint_{C_2} \frac{1}{z^n}\mathrm{d}z = \oint_{C_2} \frac{\mathrm{i}\mathrm{e}^{\mathrm{i}\theta}}{\mathrm{e}^{\mathrm{i}n\theta}}\mathrm{d}\theta \\
&= \int_0^{2\pi} \mathrm{i}\mathrm{e}^{-\mathrm{i}(n-1)\theta}\mathrm{d}\theta \\
&= \mathrm{i}\int_0^{2\pi} (\cos(n-1)\theta - \mathrm{i}\sin(n-1)\theta)\mathrm{d}\theta \\
&= \begin{cases} 2\pi\mathrm{i}, & n = 1 \\ 0, & n \neq 1 \end{cases}
\end{aligned}$$

例4.19 设 z_0 为一复数，试求函数 $f(z) = \dfrac{1}{\left(z - z_0\right)^n}$ 的积分，余同例4.18。

解 采用换元法，令 $z - z_0 = z_1$，得

$$\oint_{L_1} \frac{1}{\left(z - z_0\right)^n}\mathrm{d}z = \oint_{C_2} \frac{1}{z_1^n}\mathrm{d}z_1 = \begin{cases} 2\pi\mathrm{i}, & \text{当} n = 1 \text{时} \\ 0, & \text{当} n \neq 1 \text{时} \end{cases} \qquad (4-52)$$

尚留一尾，请读者"换貂"，并记住式（4-52），备今后拿来就用，并请不要忽视下述的陪衬。

刚才的结果比较重要，为永志不忘，请仔细浏览一下如图4-24（a）所示的两条线段 l_1 和 l_2。自己产生了什么联想？联想一，平面是 xOy 坐标面，直线 l_1 和 l_2 的方程分别为

$$l_1: \quad y - \frac{x}{2} = 0$$
$$l_2: \quad y + 2x = 0$$

再观察图4-24（b），这时线段上加了箭头。联想二，l_1 和 l_2 都是向量，其表达式分别为

$$l_1: \quad \boldsymbol{a}_1 = 4\boldsymbol{i} + 2\boldsymbol{j}$$
$$l_2: \quad \boldsymbol{a}_2 = -\boldsymbol{i} + 2\boldsymbol{j}$$

最后看看图4-24（c），平面已变成复平面。联想三，l_1 和 l_2 全代表复数，其代数表示式分别为

$$l_1: \quad z_1 = 4 + 2i$$
$$l_2: \quad z_2 = -1 + 2i$$

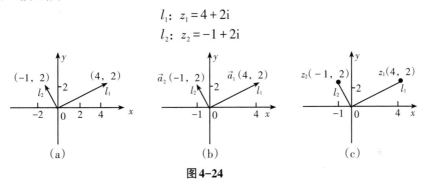

图4-24

上面的联想是序曲，到此结束。现在序幕已经拉开，图4-24就在台上，请睁大双眼，看一看什么"亮点"惹人注目，值得重视？无他，线段 l_1 和 l_2 相交成直角，或说正交。

正交是非常重要的概念，如何判断线段、向量和复数正交当然也非常重要。借此机会，让我们一起来回顾一番。

（1）两条直线

设平面直线 l_1 和 l_2 的方程分别为

$$l_1: \quad a_1 x + b_1 y = c_1$$
$$l_2: \quad a_2 x + b_2 y = c_2$$

结论是：两者正交的充要条件为

$$a_1 a_2 + b_1 b_2 = 0$$

上式的出处并不难找，为节省读者时间，建议自己证明，并作如下提示。

① 求两者的斜率，验证其乘积等于-1；

② 将直线方程改写成点法式

$$a_1(x - x_1) + b_1(y - y_1) = 0 \tag{4-53}$$

$$a_2(x - x_2) + b_2(y - y_2) = 0 \tag{4-54}$$

如图4-25（a）（b）所示。据此构造向量

$$A_1 = a_1 i + b_1 j, \quad B_1 = (x - x_1)i + (y - y_1)j$$

回头再看式（4-53），可知数量积

$$A_1 \cdot B_1 = 0$$

表明向量 A_1 和向量 B_1 正交，而后者无论点 (x, y) 在直线 l_1 上何处，总是和直线 l_1 同向。所以说向量 A_1 是直线 l_1 的法线。同理，向量

$$A_2 = a_2 i + b_2 j$$

是直线 l_2 的法线。

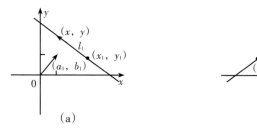

图4-25

综上所述，若已知直线 l_1 和 l_2 的法线分别是 A_1 和 A_2，则两者正交的充要条件为数量积

$$A_1 \cdot A_2 = 0$$

希读者根据此条件验证图4-24（a）上的两条直线是否正交。

③ 获知向量 A_1 和 A_2 是直线 l_1 或 l_2 的法线后，参见式（4-53）和式（4-54），希望能够从方程

$$ax + by = c$$

乃至方程

$$ax + by + cz = d$$

直接领悟到其几何意义，为什么向量 $A = ai + bj$ 乃至向量 $A = ai + bj + ck$ 是上述直线乃至平面的法向量？进行这样的冥想会花些时间，却是一种难觅的思维训练！

（2）两个向量

这种情况，一看图4-24（b）就了然于胸，无须多嘴。

（3）两个复数

这是新情况，如何判断复平面上如图4-24（c）上的两个复数，是否正交？不许把复数改写为向量，必须根据复数自身的特征来思考问题。先研究特殊情况，设有复数

$$z_1 = 3, \quad z_2 = 4i$$

如图4-26（a）所示。可见 z_1 和 z_2 相交成直角，正交。这启示我们：复数 z 和复数 iz 会不会总是正交？设有

$$z = 2 + 3i, \quad iz = -3 + 2i$$

如图4-26（b）所示。两者是否正交？看来挺像，但难以服众，因为缺少证明。如何证明，由于正交与角度有关，让人联想起了复数的指数式：$z = re^{i\theta}$。据此，得

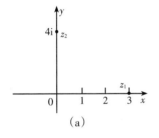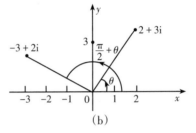

图 4-26

$$iz = rie^{i\theta} = re^{i\frac{\pi}{2}}e^{i\theta} = re^{i\left(\theta + \frac{\pi}{2}\right)}$$

从图4-25（b）可见：复数 z 与 iz 正交。其实，如早就想到虚数 $i = e^{i\frac{\pi}{2}}$，任何复数 z 乘以 i 后都会增加 $\frac{\pi}{2}$ 个弧度，则前面说的全是废话。至于图4-24上的图形正交与否，就烦读者自行审定，而我们的真正目的是计划探讨一番等式（4-52）的几何含义。

眼下让我们来探讨函数 $f(z) = z^n$ 在复平面上沿闭曲线 L 的积分，其中 n 为整数，L 为以原点作心的单位圆，如图4-27（a）所示。

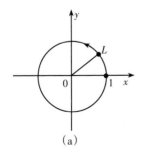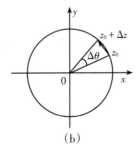

图 4-27

首先，需要弄明白在积分

$$I = \oint_L z^n \mathrm{d}z$$

中 $\mathrm{d}z$ 如何表示？参见图 4-27（b），在单位圆 L 上任选一点 z 及其邻点 $z + \Delta z$，两者都代表复数，记其间的夹角为 $\Delta\theta$。若将 Δz 视作复数，则显然有

$$\Delta z = iz\Delta\theta \quad （不计高阶无穷小）$$

因为 $|\Delta z| = |z|\Delta\theta$，且 Δz 与 z 正交，如前所述所以乘个 i。易知，在极限情况下，上式化为

$$\mathrm{d}z = iz\mathrm{d}\theta \tag{4-55}$$

请注意，视 n 的取值，下式沿圆 C 上积分

$$I = \oint_C \frac{\mathrm{d}z}{z^n} \tag{4-56}$$

实际上可分为三种情况：

①此时 $n \leq 0$，上述积分化为

$$I = \oint_C z^m \mathrm{d}z, \; m \geq 0 \tag{4-57}$$

易知，因函数在单位圆 C 和整个复平面上解析，因此积分（4-57）等于零。

②此时 $n \geq 2$，积分（4-56）化为

$$I = \oint_C \frac{\mathrm{d}z}{z^n}, \; n \geq 2 \tag{4-58}$$

其值等于零，前已证明，不再多说。

③此时 $n = 1$，积分（4-56）化为

$$I = \oint_C \frac{\mathrm{d}z}{z} \tag{4-59}$$

这是应该特别予以重视的情况。原因在于：先来看积分（4-52），当 $n \geq 1$ 时，其中的被积函数

$$f(z) = \frac{1}{z^n}$$

都存在奇点 $z = 0$，但除 $n = 1$ 外，其沿任何闭曲线的积分全等于零。当 $n = 1$ 时，其沿任何含原点 $z = 0$ 的闭曲线（自然也包括单位圆）的积分却等于 $2\pi i$，并据此导出一个行将介绍的重要结论

$$f(z_0) = \frac{1}{2\pi i} \oint_C \frac{f(z)}{z - z_0} \mathrm{d}z$$

此其一。其二是，积分（4-59）具有清晰的几何意义，既可强化记忆，又富有启发性，值得思考。接下来希仔细查看图 4-28，并注意在忽视高阶无穷小

时，从图4-28可知：复数 z 与 dz 正交，且 $|dz|=|zd\theta|$ ，因此

$$dz = izd\theta$$

上式适用于任何的圆形曲线，自然也适用于单位圆 C ，将它代入积分（4-59），得

$$I = \oint_C \frac{dz}{z} = i\oint_C d\theta = 2\pi i$$

理解上述几何说明，有助于大家不易忘记重要的积分（4-52）。

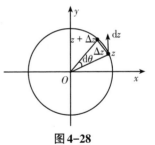

图4-28

4.4.1　柯西定理

早已说过，本书对解析函数的定义（定理4.4）与习惯不同，为了兼顾既有讲法，也为了遵循"温故而知新，可以为师矣"的教诲，特叙述如下。

柯西定理　若函数 $f(z)$ 解析，且其导数 $f'(z)$ 在闭曲线 L 上及其内各点处处连续，则

$$\oint_L f(z)dz = 0 \tag{4-60}$$

引述了柯西定理之后，再重复两点：

其一，在给定条件下，积分（4-60）事实上是函数 $f(z)$ 解析的充要条件。

其二，面向工科读者，为使之获得直观印象，本书从实际出发，借助引力场积分与路径无关，或说沿闭曲线积分等于零的特性，根据积分（4-60）来定义函数 $f(z)$ 的解析与否，可谓同习惯做法殊途同归，盼初学者品尝内中的含义，并提出更通俗化的办法。

推论　设在复平面上闭曲线 L 及含于其内的闭曲线 L_1 ， L_2 ， $\cdots$ ， L_n ，且相互间并无交集，如图4-29（a）所示，若函数在所论区域内解析，则

$$\oint_L f(z)dz = \sum_{i=1}^{n} \oint_{L_i} f(z)dz \tag{4-61}$$

其上的积分均取默认的正方向，逆时针方向。

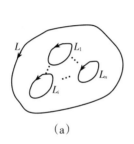

（a）

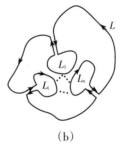

（b）

图4-29

此推论可谓一目了然，但也略说两句，从图4-29（b）不难看出

$$\oint_L f(z)\mathrm{d}z + \oint_{L_{\bar{1}}} f(z)\mathrm{d}z + \cdots + \oint_{L_{\bar{i}}} f(z)\mathrm{d}z + \cdots + \oint_{L_{\bar{n}}} f(z)\mathrm{d}z = 0$$

式中，符号 $L_{\bar{1}}$ 表示沿 L_1 的积分是反正向的。据此显然有

$$\oint_L f(z)\mathrm{d}z = \sum_{i=1}^n \oint_{L_i} f(z)\mathrm{d}z \tag{4-62}$$

而式（4-62）正是积分（4-61）。

例4.20 计算积分

$$I = \oint_L \frac{3z+2}{z(z+1)}\mathrm{d}z$$

式中，L 表示圆周 $|z|=2$。

解 显然，被积函数存在两个奇点，即 $z=0$ 和 $z=-1$，且都位于圆周 L 之内。因此，必须在 L 内作一条闭曲线 L_1 包含 $z=0$，另一条 L_2 包含 $z=-1$，且两者互不相交。然后，根据上述推论（4-61），得

$$I = \oint_L \frac{3z+2}{z(z+1)}\mathrm{d}z = \oint_{L_1} \frac{2}{z}\mathrm{d}z + \oint_{L_2} \frac{1}{z+1}\mathrm{d}z$$
$$= 2 \times 2\pi\mathrm{i} + 2\pi\mathrm{i} = 6\pi\mathrm{i}$$

例4.21 计算积分

$$I = \oint_L \frac{3z^2+6z+5}{(z+1)(z^2+z+1)}\mathrm{d}z$$

式中，L 表示圆周 $|z|=5$。

解 例4.21被积函数略显复杂，因此分步求解。首先，将被积函数展开成部分分式，设

$$\frac{3z^2+6z+5}{(z+1)(z^2+z+1)} = \frac{a}{z+1} + \frac{bz+c}{z^2+z+1} \tag{4-63}$$

式中，a，b，c 是待定系数。在式（4-63）两边同乘以 $(z+1)$，并令 $z=-1$，有

$$(z+1)\frac{3z^2+6z+5}{(z+1)(z^2+z+1)}\bigg|_{z=-1} = a + \frac{bz+c}{z^2+z+1}(z+1)\bigg|_{z=-1}$$
$$a = \frac{3z^2+6z+5}{z^2+z+1}\bigg|_{z=-1} = 2$$

在原式（4-63）两边同乘以 (z^2+z+1)，并令 $z^2=-(z+1)$，有

$$\frac{3z^2+6z+5}{z+1}\bigg|_{z^2=-(z+1)} = (bz+c)\bigg|_{z^2=-(z+1)}$$

把上式化简后，又有

$$3z+2\big|_{z^2=-(z+1)} = bz^2 + (b+c)z + c\big|_{z^2=-(z+1)}$$

或

$$3z+2 = cz + c - b$$
$$c=3, \quad b=1$$

从而最后得

$$\frac{3z^2+6z+5}{(z+1)(z^2+z+1)} = \frac{2}{z+1} + \frac{z+3}{z^2+z+1} \tag{4-64}$$

不少读者有个习惯，获知结果后进行核对。就上式而论，是否全对？先核对特殊情况：

① 设式（4-64）两边 $z=0$ ，有

$$5=5$$

没有矛盾

② 设 $z\to\infty$ ，原式左边

$$\frac{3z^2+6z+5}{(z+1)(z^2+z+1)}\bigg|_{z\to\infty} \to \frac{3z^2}{z\cdot z^2} \to \frac{3}{z}$$

原式右边

$$\frac{2}{z+1} + \frac{z+3}{z^2+z+1}\bigg|_{z\to\infty} \to \frac{2}{z} + \frac{z}{z^2}\bigg|_{z\to\infty} \to \frac{3}{z}$$

可见两边趋势相同，没有矛盾。

③ 应该说没有什么问题了。如果还不安心，可再设 $z=1$ ，代入原式两边，有

$$\frac{3+6+5}{(1+1)\times(1+1+1)} = \frac{2}{1+1} + \frac{1+3}{1+1+1}$$

$$\frac{14}{6} = 1 + \frac{4}{3}$$

两边一样，没有矛盾。

这样一来，可以毫不夸张地说，部分分式（4-64）百分之百的正确。为何敢如此夸口？试看，展式（4-63）中有多少待定系数？一共三个：a，b，c。须知：判定三个待定系数不多不少共要三个条件。先设 $z=0$ ，一个条件；次设 $z\to\infty$ ，一个条件；再设 $z=1$ ，一个条件。三个待定系数与三个条件完全吻合，正好。

写到这里忍不住再说几句。其实，单凭上述三个判定条件也不难把三个待定系数计算出来。请看，将 $z=0$ ， $z\to\infty$ 和 $z=1$ 相继用于展式（4-63）：

$$z=0: \quad 5=a+c$$
$$z\to\infty: \quad 3=a+b$$
$$z=1: \quad \frac{14}{6}=\frac{a}{2}+\frac{b+c}{3}$$

细节不详，盼读者代劳。

回归正题，得到部分分式（4-63）后，仍不能马上求出此例的积分，因为式（4-64）中右边第二项

$$\frac{z+3}{z^2+z+1}=\frac{z+3}{\left(z+\frac{1}{2}+\frac{\sqrt{3}}{2}\mathrm{i}\right)\left(z+\frac{1}{2}-\frac{\sqrt{3}}{2}\mathrm{i}\right)}$$

$$=\frac{1+\frac{5}{\sqrt{3}}\mathrm{i}}{2\left(z+\frac{1}{2}+\frac{\sqrt{3}}{2}\mathrm{i}\right)}+\frac{1-\frac{5}{\sqrt{3}}\mathrm{i}}{2\left(z+\frac{1}{2}-\frac{\sqrt{3}}{2}\mathrm{i}\right)}$$

可见，例 4.21 中的积分闭曲线 $|z|=5$ 除包含奇点 $z_1=-1$ 外，尚包含奇点 $z_{2,3}=-\frac{1}{2}\left(1\pm\sqrt{3}\mathrm{i}\right)$，计 3 个奇点。好在有了求解例 4.20 的经验，最后得解

$$I=\oint_L\frac{3z^2+6z+5}{(z+1)(z^2+z+1)}\mathrm{d}z=2\times2\pi\mathrm{i}+\frac{1}{2}\times2\pi\mathrm{i}+\frac{1}{2}\times2\pi\mathrm{i}=6\pi\mathrm{i}$$

4.4.2 柯西积分公式

在以下的讨论中，设函数 $f(z)$ 是处处解析的，然后再来研究积分

$$I=\oint_{L_1}\frac{f(z)}{z}\mathrm{d}z \tag{4-65}$$

的取值，式中 L_1 为一闭曲线，包含原点在内，如图 4-30（a）所示。

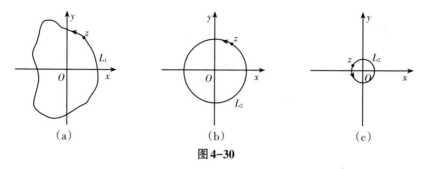

图 4-30

研究的目的是企图简化积分的计算。如何简化？大家手里掌握了什么利器？最重要的利器是：解析函数沿任何闭曲线的积分都全部相等。因此，首先将闭曲线 L_1 简化，成为易于积分的圆形 L_2，如图 4-30（b）所示；接下来再

让 L_2 的半径不断缩短，以使 L_2 以原点为极限，如图4-30（c）所示。这时积分（4-65）化为

$$I = \oint_{L_1} \frac{f(z)}{z}dz = \oint_{L_2} \frac{f(z)}{z}dz \qquad (4-66)$$

行文至此，让我们一起休息片刻，想个秘方以期解开这个沿着将原点作为极限的闭曲线 L_2 的病态积分。想想看，在这种情况下，被积函数中的 $f(z)$ 应如何表达？既然积分曲线 L_2 无限逼近原点，那设

$$f(z) = f(0) + \varepsilon \qquad (4-67)$$

是否可行呢？从图4-30（c）上不难看出，曲线 L_2 上的点 z 的确是不断趋近原点的，这说明式（4-67）可用，将其代入积分（4-66），得

$$I = \oint_{L_1} \frac{f(z)}{z}dz = \oint_{L_2} \frac{f(0) + \varepsilon}{z}dz$$

$$= f(0)\oint_{L_2} \frac{dz}{z} + \varepsilon \oint_{L_2} \frac{dz}{z}$$

易知，在极限状态下，L_2 趋近于原点时，$\varepsilon \to 0$。最后，根据已知结论并综上所述，略加整理后，则得

$$f(0) = \frac{1}{2\pi i}\oint_L \frac{f(z)}{z}dz$$

显然，把上述中的原点改为解析区域内的任意一点 z_0，同理可得

$$f(z_0) = \frac{1}{2\pi i}\oint_L \frac{f(z)}{z - z_0}dz \qquad (4-68)$$

式（4-68）中，L 为含点 z_0 在内的任何闭曲线。至此，一个赫赫有名的定理便出现了。

柯西积分公式定理 若函数 $f(z)$ 在以闭曲线 L 为边界上及内部处处解析，且 z_0 为边界 L 的一个内点，则积分（4-68）成立。

积分（4-68）称为柯西积分公式，其内在含义在于：一个在边界上及其内部解析的函数，它在边界上的值唯一地确定了它在边界内任一点的值，且可由积分公式（4-68）计算。

前面一连串接踵而至的理论硕果，一时难以消化，不禁忆起"理论源于实践"的名言，若能两者挂钩，那该多美！但话又说回来，去哪实践？久仰"家家泉水，户户垂杨"胜景，乘兴就到了济南，进入大明湖欣赏趵突泉。但见泉心水柱突升，晶莹润透，涓涓细流，各自东西，仿佛进入幻境，注目良久，依稀瞧着泉面上浮现出若干水圈，内中还有数学符号：

$$\oint_L f(z)dz = 0, \quad \oint_L f(z)dz = \sum_{i=1}^{n}\oint_{L_i} f(z)dz$$

如图4-31（a）所示。更有甚者，其中一个包围泉心的水圈，内中的符号居然为

$$f(0) = \frac{1}{2\pi i}\oint_L \frac{f(z)}{z}\mathrm{d}z$$

如图4-31（b）所示。

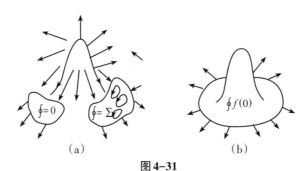

（a）   （b）

图4-31

瞅着似真似假的水圈，难道在做梦？恍惚间一个趔趄，眼前一亮，正如醍醐灌顶：如是我见不就是场论同复变函数的天缘巧合吗？

设想的突泉是稳态的，不随时间变化，则可将其视为一个平面的流体场，泉水在某点z_0的流速视为函数$f(z)$在该点的取值$f(z_0)$。显然流入图4-31（a）上圈内的水流量和流出的相等，所以有

$$\oint_L f(z)\mathrm{d}z = 0 \quad \text{或} \quad \oint_L f(z)\mathrm{d}z = \sum \oint_{L_i} f(z)\mathrm{d}z$$

这不正是大名鼎鼎的柯西定理嘛！如有想法，请看积分（4-60）和（4-61）。

再有，同图4-31（a）的情况相左，图4-31（b）的圈包围着泉心，只有流出而没有流入的水，所以沿其边界的积分不等于零。另外，从此圈流出的水量显然等于从泉心涌出的水量，所以圈中的符号会浮现出$f(0)$，而

$$f(0) = \frac{1}{2\pi i}\oint_L \frac{f(z)}{z}\mathrm{d}z$$

这正是声名赫赫的柯西积分公式！如有想法，请看积分（4-68）。

在往下的论述中，我们还将就平面场与复变函数的亲密关系进行更深入的探讨，力求"数学问题工程化，工程问题数学化"，并与读者并肩前行。

4.4.3 导数

函数的导数及其求法早已交代清楚。现在有了柯西积分公式（4-68）

$$f(z_0) = \frac{1}{2\pi i}\oint_L \frac{f(z)}{z-z_0}\mathrm{d}z$$

函数 $f(z)$ 的导数也有了积分形式的表达式。

将上式中的 z_0 视作自变量，并对其两边就 z_0 求导数，得

$$f'(z_0) = \frac{1}{2\pi i}\oint_L \frac{f(z)}{(z-z_0)^2}dz$$

继续求导，根据归纳法可知

$$f^{(n)}(z_0) = \frac{n!}{2\pi i}\oint_L \frac{f(z)}{(z-z_0)^{n+1}}dz \quad (n = 1, 2, \cdots) \tag{4-69}$$

上述结果是正确的，但做法却是"形式上"的。所谓形式上就是忽视做法本身所需要的前提条件，以致时有错失，往往需要验证，请看下例。

例4.22 设 $f(z)=z$，试验证积分（4-69）的正确性。

解 由给定函数 $f(z)=z$，易知 $f'(z)=1$，$f'(0)=1$，代入积分（4-69），得

$$1 = \frac{1}{2\pi i}\oint_L \frac{z}{z^2}dz = \frac{1}{2\pi i}\oint_L \frac{dz}{z} = 1$$

两边相等，没有矛盾。在此情况下，积分（4-69）正确。

一般而论，"形式上"得出的结论经验证无误，加之判断后认为合理，多数场合下是正确的，甚至或可启发人们萌生某些有内涵的猜想，如下所述。

仔细端详积分（4-69），并将其改写成

$$\frac{f^{(n)}(z_0)}{n!} = \frac{1}{2\pi i}\oint_L \frac{f(z)}{(z-z_0)^{n+1}}dz \tag{4-70}$$

并联想到积分

$$\oint_L \frac{dz}{(z-z_0)^{n+1}} = \begin{cases} 2\pi i, & \text{当} n = 0 \text{时} \\ 0, & \text{当} n \neq 0 \text{时} \end{cases}$$

不妨猜想一下，什么样的函数 $f(z)$ 能满足积分（4-70）？泰勒级数如何？早有人提倡"大胆假设，小心求证"，而"质疑"正是科学精神之一，两者相得益彰。现在就假设所论的函数 $f(z)$ 展成了级数

$$f(z) = f(z_0) + f'(z_0)(z-z_0) + \cdots + \frac{f^{(n)}(z_0)}{n!}(z-z_0)^n + \cdots \tag{4-71}$$

并且代入积分（4-70），结果得

$$\frac{f^{(n)}(z_0)}{n!} = \frac{1}{2\pi i}\frac{1}{n!}\oint_L \frac{f^{(n)}(z_0)}{z-z_0}dz = \frac{f^{(n)}(z_0)}{n!} \tag{4-72}$$

两边相等，完全相配。但需要补充两点：

① 式（4-72）对任何非负整数 $n = 0, 1, 2, \cdots$ 一律成立；

② 用到了柯西积分公式。

看到这里，不知大家有何考虑，会不会大胆假设一下：若函数 $f(z)$ 解析，则能展成如等式（4-71）所示级数。至于对不对，请看下文分解。

4.5 级数

众所周知，一个实变函数 $f(t)$ 如满足相应的条件，则可展成泰勒级数

$$f(t) = f(t_0) + f'(t)(t-t_0) + \cdots + \frac{f^{(n)}(t_0)}{n!}(t-t_0)^n + \cdots$$

其实，一个复变函数 $f(z)$ 也存在与实变函数 $f(t)$ 一模一样的结论。

4.5.1 泰勒级数

泰勒定理 若函数 $f(z)$ 在以点 z_0 为心的圆 L 上及其内部解析，z 是圆 L 的一个内点，则函数 $f(z)$ 可展成级数

$$f(z) = \sum_{n=0}^{\infty} \frac{f^{(n)}(z_0)}{n!}(z-z_0)^n \tag{4-73}$$

此级数称为泰勒级数，在函数 $f(z)$ 的解析区域上处处成立，且对任一特定的点 z_0 唯一存在。

证明 如上所述，关于将函数 $f(z)$ 展成级数的猜想是从柯西公式

$$f(z_0) = \frac{1}{2\pi i} \oint_L \frac{f(z)}{z-z_0} dz$$

及其导数公式（4-69）得到启发的。因此，定理的证明当然还要借助这些公式。

为便于理解，我们先从简单情况 $z_0 = 0$ 开始，并因此将柯西积分公式改写为

$$f(z) = \frac{1}{2\pi i} \oint_L \frac{f(z_1)}{z_1 - z} dz_1 \tag{4-74}$$

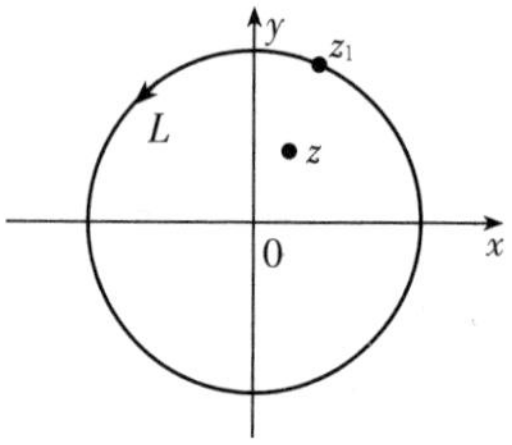

式（4-74）中，积分路线 L 是以原点为心的圆周，点 z 是圆 L 内部除原点外的任何一点，如图4-32所示。

图4-32

首先，将式（4-74）中的分式展开，即

$$\frac{1}{z_1 - z} = \frac{1}{z_1\left(1 - \frac{z}{z_1}\right)} = \frac{1}{z_1}\left(1 + \frac{z}{z_1} + \cdots + \frac{z^n}{z_1^n} + \cdots\right) = \frac{1}{z_1}\sum_{n=0}^{\infty}\frac{z^n}{z_1^n} \tag{4-75}$$

从图4-32显然可见：$\left|\dfrac{z}{z_1}\right|<1$，上面的级数是收敛的。

其次，将级数（4-75）代入积分（4-74），得

$$f(z)=\frac{1}{2\pi i}\oint_L\frac{f(z_1)}{z_1}\sum_{n=0}^{\infty}\left(\frac{z}{z_1}\right)^n dz_1$$

需要注意，上式的积分变量为z_1，而非z，因此可改写成

$$f(z)=\frac{1}{2\pi i}\sum_{n=0}^{\infty}\oint_L\frac{f(z_1)}{z_1^{n+1}}dz_1\cdot z^n=\frac{1}{2\pi i}\sum_{n=0}^{\infty}\frac{2\pi i f^{(n)}(0)}{n!}z^n \tag{4-76}$$

这就是我们所期望的结论，其中自然得力于柯西积分的导数公式（4-69）。

最后，有了上述结论，证明一般情况下的泰勒定理便成为顺水推舟了，请略想片刻，"顺水推舟"在此何意？意为顺着以上的思路将积分（4-74）中的分式展成类似于级数（4-75）而又让我们满意的级数

$$\frac{1}{z_1-z}=\frac{1}{(z_1-z_0)-(z-z_0)}=\frac{1}{z_1-z_0}\frac{1}{1-\dfrac{z-z_0}{z_1-z_0}}$$

$$=\frac{1}{z_1-z_0}\sum_{n=0}^{\infty}\left(\frac{z-z_0}{z_1-z_0}\right)^n \tag{4-77}$$

将此级数同级数（4-75）比较，不难看出，那时的z_1已变成（z_1-z_0），特别是z变成了（$z-z_0$）。如果把这种变化代进级数（4-76），会不会让人产生顺风顺水、舟快到岸的感觉？果真如此，笔者诚愿将"推舟上岸，点化众生"的丰功献给耐住性子、阅读本书时至现今的亲爱读者。

说实话，复变函数展成的泰勒级数

$$f(z)=f(z_0)+f'(z_0)(z-z_0)+\cdots+\frac{f^{(n)}(z_0)}{n!}(z-z_0)^n+\cdots \tag{4-78}$$

同实变函数的恰似孪生兄弟，难分伯仲。但前者无论其引入或者证明都较自然。原因在于，复变是实变的泛化和深化，内涵更为丰富。至于将函数$f(z)$展成级数的方法与实函数类似，如下所述。

例4.23 试将下列函数展成泰勒级数：

① $f(z)=e^z$；② $f(z)=\sin z$；③ $f(z)=\cos z$。

解 上列函数的各阶导数全都容易计算，求出其各阶导数后，直接有

① $e^z=\displaystyle\sum_{n=0}^{\infty}\frac{e^z}{n!}$；

② $\sin z=\displaystyle\sum_{n=0}^{\infty}(-1)^n\frac{z^{2n+1}}{(2n+1)!}$；

③ $\cos z = \sum_{n=0}^{\infty} (-1)^n \dfrac{z^{2n}}{(2n)!}$。

其实，复变同实变相同，也称麦克劳林级数，以上都是。如不严格区分，则可统叫作幂级数。

例4.24 试将下列函数展成幂级数：

① $\dfrac{e^z}{z}$；② $\dfrac{\sin z}{z}$；③ $\dfrac{\cos z}{z}$。

解 根据上例的结果，显然有

① $\dfrac{e^z}{z} = \dfrac{1}{z} \sum_{n=0}^{\infty} \dfrac{e^z}{n!}$；

② $\dfrac{\sin z}{z} = 1 - \dfrac{z^2}{3!} + \dfrac{z^4}{5!} - \cdots + (-1)^n \dfrac{z^{2n}}{(2n+1)!} + \cdots$；

③ $\dfrac{\cos z}{z} = \dfrac{1}{z} \sum_{n=0}^{\infty} (-1)^n \dfrac{z^{2n}}{(2n)!}$。

看完上列结果，脑海里产生的第一个问题是，此例中的三个函数都不符合泰勒定理的要求，在 $z=0$ 处存在奇点，可是，细瞅之后又觉得这不是问题，因为，它们根本就并非泰勒级数，这一定是出现新情况了，那该如何善后呢？说来真出乎意料，一点不难，只要跳出旧框框，承认它们也是级数，由复变函数引出的一类新级数，岂不万事大吉！

4.5.2 洛朗级数

一个解析函数 $f(z)$ 可以展成泰勒级数。试问能否将函数 $\dfrac{f(z)}{z^m}$ 展成级数？记此函数为

$$g(z) = \dfrac{f(z)}{z^m} \quad (m为正整数)$$

显然函数 $g(z)$ 在 $z=0$ 处有奇点，不能展成泰勒级数。刚才讲过，跳出旧框框，若记函数 $f(z)$ 的麦克劳林级数为

$$f(z) = f(0) + f'(0)z + f''(0)\dfrac{z^2}{2} + \cdots + f^{(n)}\dfrac{z^n}{n!} + \cdots$$

则

$$g(z) = \dfrac{1}{z^m}\left(f(0) + f'(0)z + \cdots + f^{(n)}\dfrac{z^n}{n!} + \cdots\right)$$

不就是级数吗？至此，一类新级数出生了。

洛朗定理 设函数 $g(z)$ 在圆周 L_1 和 L_2 上及两者间的环状区域内解析，则 $g(z)$ 可在此区域内表示为

$$g(z) = \sum_{n=-\infty}^{\infty} a_n (z-z_0)^n$$

式中，$a_n = \dfrac{1}{2\pi\mathrm{i}} \oint \dfrac{f(z)}{(z-z_0)^{n+1}} \mathrm{d}z$ （$n = 0, \pm1, \pm2, \cdots$），此级数称为洛朗级数。

在证明之前，先举一个最简单的例子，以利于我们去探求证明的办法。

例4.25 设函数 $f(z)$ 在圆周 L_1 上及其内部解析，试求函数

$$g(z) = \frac{f(z)}{z^m}$$

的展开式。

解 先从简单情况开始，设 $f(z) = \mathrm{e}^z$，$m = 1$，则其幂级数已知为

$$g(z) = \frac{1}{z}\left(1 + z + \frac{z^2}{2!} + \cdots + \frac{z^n}{n!} + \cdots\right)$$

一般地说，$f(z)$ 在 L_1 上及其内部解析，必然存在展开式

$$f(z) = f(0) + f'(0)z + f''(0)\frac{z^2}{2!} + \cdots + f^{(n)}(0)\frac{z^n}{n!} + \cdots$$

$$(4\text{-}79)$$

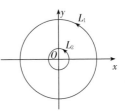

图4-33

另一方面，$g(z)$ 在 $z = 0$ 处有奇点，只能在圆周 L_1 和 L_2 其上及两者间的环状区域内解析，如图4-33所示。因此，在其解析域内，函数 $g(z)$ 的展开式为

$$g(z) = \frac{f(z)}{z} = \frac{f(0)}{z} + f'(0) + f''(0)\frac{z}{2!} + \cdots + f^{(n)}\frac{z^{n-1}}{n!} + \cdots \qquad (4\text{-}80)$$

此例的问题是解决了，但这才刚刚起步，距目的地还差一段距离。

真正的目的地在哪？乃洛朗级数系数公式的所在地，已知函数 $f(z)$ 的泰勒级数的系数公式为

$$\frac{f^{(n)}(z_0)}{n!} = \frac{1}{2\pi\mathrm{i}} \oint_L \frac{f(z)}{(z-z_0)^{n+1}} \mathrm{d}z \qquad (4\text{-}81)$$

［注：式（4-81）是第二次出现，原本希望读者在阅览本节泰勒公式的证明时，根据积分（4-76）并展式（4-77）自己导出此式。］按理，洛朗级数该有相类似的公式。如何能得到？这个例子将给大家指引方向。

请比较一下例4.25中函数 $f(z)$ 的麦克劳林级数（4-79）与函数 $g(z)$ 的洛朗级数（4-80）。其中，前者的系数 $\dfrac{f^{(n)}(0)}{n!}$ 存在现成的公式（4-81）（此时取其中的 $z_0 = 0$），而对比之后，令人意外地看到：两者的系数真难分彼此，一模一样。到现在，方向是找准了，下一步如何走呢？苦思良久，走下一步之

前，先得绕个弯子。

首先，将级数（4-79）改写为

$$f(z) = c_0 + c_1 z + c_2 z^2 + \cdots + c_n z^n + \cdots \tag{4-82}$$

相应地将系数公式（4-81）改写为

$$c_n = \frac{1}{2\pi i} \oint_L \frac{f(z)}{z^{n+1}} dz \tag{4-83}$$

其次，对比于级数（4-82），将级数（4-80）改写为

$$g(z) = \frac{c_0}{z} + c_1 + c_2 z + \cdots + c_n z^{n-1} + \cdots \tag{4-84}$$

看来问题已经解决，因为函数 $g(z)$ 展式中所有的系数全可以用公式（4-83）来计算了。但仔细一瞧，读者将会发现路上还有两个"小坑"：其一，函数 $g(z)$ 的展式却用函数 $f(z)$ 的系数公式（4-83），心理上过不去，必须摆平；其二，展式（4-84）中系数 c_j 的下标同 z^{i+1} 的方次不一致，道理上讲不通，必须理顺。

首先，将公式（4-83）中的 $f(z)$ 换成 $g(z)$，有

$$c_n = \frac{1}{2\pi i} \oint \frac{f(z)}{z^{n+1}} dz = \frac{1}{2\pi i} \oint \frac{z g(z)}{z^{n+1}} dz = \frac{1}{2\pi i} \oint \frac{g(z)}{z^n} dz \tag{4-85}$$

其次，将级数（4-84）改写成

$$g(z) = \frac{a_{-1}}{z} + a_0 + a_1 z + \cdots + a_n z^n + \cdots \tag{4-86}$$

显然这时的 $a_i = c_{i+1}$，$i = -1,\ 1,\ 2,\ \cdots$。

最后，将公式（4-85）左边的系数 c_n 改写成 a_{n-1} 得

$$a_{n-1} = \frac{1}{2\pi i} \oint_L \frac{g(z)}{z^n} dz$$

或

$$a_n = \frac{1}{2\pi i} \oint_L \frac{g(z)}{z^{n+1}} dz \quad (n = -1,\ 1,\ 2,\ \cdots) \tag{4-87}$$

迄今为止，例 4.25 的特殊情况 $m = 1$ 时的问题宣告解决，答案就是上面将函数 $g(z)$ 展成洛朗级数的系数公式（4-87）。照理说，下一步应该寻求本例在一般情况时的方案，但转念一想，何不乘胜追击，直捣"黄龙"，甘脆把尚未完成的任务——洛朗定理的证明——办妥了事。

洛朗定理的证明 设函数 $f(z)$ 在 L_1 和 L_2 内部解析，见图 4-33，则函数 $g(z) = z^{-m} f(z)$ 亦然。已知 $f(z)$ 可在 $z = 0$ 处展成麦克劳林级数

$$f(z) = c_0 + c_1 z + c_2 z^2 + \cdots + c_n z^n + \cdots \tag{4-88}$$

且其系数

$$c_n = \frac{1}{2\pi i}\oint \frac{f(z)}{z^{n+1}}dz \qquad (4-89)$$

据此，有

$$g(z) = \frac{f(z)}{z^m} = \frac{c_0}{z^m} + \frac{c_1}{z^{m-1}} + \cdots + \frac{c_{m-1}}{z} + c_m + c_{m+1}z + c_{m+2}z^2 + \cdots + c_{m+n}z^n + \cdots$$

$$= \frac{a_{-m}}{z^m} + \frac{a_{-(m-1)}}{z^{m-1}} + \cdots + \frac{a_{-1}}{z} + a_0 + a_1z + \cdots + a_2z^2 + \cdots + a_nz^n + \cdots$$

$$(4-90)$$

式（4-90）中，$a_i = c_{i+m}$ $[i = -m,\ -(m-1),\ \cdots,\ -1,\ 0,\ 1,\ 2,\ \cdots]$。

现在，将函数 $f(z) = z^m g(z)$ 并 $c_n = a_{n-m}$ 代入系数公式（4-89），得

$$a_{n-m} = \frac{1}{2\pi i}\oint \frac{z^m g(z)}{z^{n+1}}dz = \frac{1}{2\pi i}\oint \frac{g(z)}{z^{n+1-m}}dz$$

即

$$a_n = \frac{1}{2\pi i}\oint \frac{g(z)}{z^{n+1}}dz \quad (n = -m,\ \cdots,\ -1,\ 0,\ 1,\ 2,\ \cdots) \qquad (4-91)$$

至此，洛朗级数当 $z=0$ 时的特殊情况已经证明。关于 $z=z_0$ 时的一般情况，完全同理，盼读者自己动手，别出心裁，创新出一个更美的证明。

至于将函数直接展开为洛朗级数，用定理提供的系数公式，显然十分棘手。经常多半是视函数的具体情况，采用相应的办法，特举例说明如下。

例4.26 设有函数

$$f(z) = \frac{1}{z(2-z)^3}$$

试将它分别在 $z=0$ 处及 $z=2$ 处展为洛朗级数。

解1 先将 $\dfrac{1}{(2-z)^3}$ 化成易于展开的形式，即

$$\frac{1}{(2-z)^3} = \frac{1}{8\left(1-\dfrac{z}{2}\right)^3}$$

然后代回函数 $f(z)$，则得洛朗级数

$$f(z) = \frac{1}{8z\left(1-\dfrac{z}{2}\right)^3} = \frac{1}{8z}\left(1-\frac{z}{2}\right)^{-3}$$

$$= \frac{1}{8z}\left[1 + (-3)\left(-\frac{z}{2}\right) + \frac{(-3)\times(-4)}{2!}\left(-\frac{z}{2}\right)^2 + \frac{(-3)\times(-4)\times(-5)}{3!}\left(-\frac{z}{2}\right)^3 + \cdots\right]$$

$$= \frac{1}{8z} + \frac{3}{16} + \frac{3}{16}z + \frac{5}{32}z^2 + \cdots$$

解2 先将 $\frac{1}{z}$ 化为易于展开的形式，即

$$\frac{1}{z} = \frac{1}{2+z-2} = \frac{1}{2\left(1+\dfrac{z-2}{2}\right)}$$

$$= \frac{1}{2}\left[1 - \frac{1}{2}(z-2) + \frac{1}{4}(z-2)^2 - \cdots + (-1)^n\frac{1}{2^n}(z-2)^n + \cdots\right]$$

代入函数 $f(z)$，得洛朗级数

$$f(z) = -\frac{1}{2(z-2)^3} + \frac{1}{4(z-2)^2} - \frac{1}{8(z-2)} + \frac{1}{16} - \frac{z-2}{32} + \cdots$$

例4.27 设有函数

$$f(z) = \frac{1}{(z-1)(z-2)^2}$$

试求在 $z=1$ 处的洛朗级数。

解 先将 $\frac{1}{z-2}$ 化为易于展开的形式

$$\frac{1}{z-2} = -\frac{1}{1-(z-1)} = -\left[1 + (z-1) + (z-1)^2 + \cdots\right]$$

而

$$\frac{\mathrm{d}}{\mathrm{d}z}\left(\frac{1}{z-2}\right) = -\frac{1}{(z-2)^2} = -\left[1 + 2(z-1) + 3(z-1)^2 + \cdots\right]$$

将上述结果代回函数 $f(z)$，得其洛朗级数

$$f(z) = \frac{1}{(z-1)(z-2)^2} = \frac{1}{z-1} + 2 + 3(z-1) + \cdots + n(z-1)^{n-2} + \cdots$$

不难看出，洛朗级数有别于泰勒级数，包含两部分级数。其中 $n \geq 0$ 的所有各项称为解析部分，$n < 0$ 的称为主要部分。解析易于明白，因每项都是处处解析的函数。"主要"是何意思？除每项都存在奇点外，主要在于隐藏着函数的一些特征，如留数。什么是留数？请看下节。

4.6 留数

4.6.1 奇点

要通晓留数，先得了解奇点。所谓奇点，就是不解析的点。如函数 $f(z) = \frac{1}{z}$ 在 $z=0$ 处不解析，此点便是 $f(z)$ 的奇点。按这样说来，奇点存在以下几类。

（1）可去奇点

这类奇点，如函数 $f(z) = \dfrac{\sin z}{z}$ 中的 $z = 0$，看上去不解析，但在该点存在极限值1，当以极限值定义为函数值时，自然此奇点也就不奇了。

一般而论，若函数 $f(z)$ 的洛朗级数，其中不含负幂项，即 $a_{-n} = 0$（$n = 1$，2，$\cdots$），则形式上的奇点为可去奇点。例如

$$f(z) = \frac{\sin z}{z} = 1 - \frac{z^3}{3!} - \frac{z^5}{5!} - \cdots$$

（2）极点

据上可知，一个函数 $f(z)$ 的洛朗级数

$$f(z) = \frac{a_{-m}}{(z - z_0)^m} + \cdots + \frac{a_{-1}}{z - z_0} + a_0 + a_1(z - z_0) + \cdots$$

是判断其是否存在奇点的最高准则。就此级数而言，函数 $f(z)$ 在 $z = z_0$ 处有奇点，为明确起见，各自称为：

① 当 $m = 1$ 时，称 z_0 为 $f(z)$ 的简单极点，或一阶极点；

② 当 $m > 1$ 时，称 z_0 为 $f(z)$ 的 m 阶极点；

③ 当 $m \to \infty$ 时，称 z_0 为 $f(z)$ 的本性极点。

例如，函数

$$f(z) = \frac{1}{(z - 1)(z - 2)^2} = \frac{1}{z - 1} + 2 + 3(z - 1) + \cdots + n(z - 1)^{n-2} + \cdots$$

时，在 $z = 1$ 处有简单极点；

$$f(z) = \frac{1}{z(2 - z)^3} = -\frac{1}{2(z - 2)^3} + \frac{1}{4(z - 2)^2} - \frac{1}{8(z - 2)} + \frac{1}{16} + \cdots$$

时，在 $z = 2$ 处有三阶极点；

$$f(z) = e^{\frac{1}{z}} = 1 + z^{-1} + \frac{1}{2!}z^{-2} + \cdots + \frac{1}{n!}z^{-n} + \cdots$$

时，在 $z = 0$ 处有本性奇点。

函数存在奇点，意味着其洛朗级数含有若干负幂项，而其中又以 $a_{-1}z^{-1}$ 一项最为关键，具有理论价值，又富实际含义，故其系数 a_{-1} 被称为留数。

4.6.2　留数应用

留数的重要性无须绕舌，看完本节后，大家心中自然有数，并会点赞，为阐述理论最好从实际出发。

设想一无限细长的导线，穿过原点，同复平面垂直，每单位长度上携带着 Q 单位的负电荷，在空间中形成一个稳态的静电场。其在复平面上的分布情况

如图4-34所示，实线代表等位线，与之正交的虚线代表电力线，并可统一地模型化为如下的复变函数

$$f(z) = \frac{-Q}{2\pi}\ln z = \frac{-Q}{2\pi}\ln|z|e^{i\theta} = \frac{-Q}{2\pi}\left(\ln|z| + \ln e^{i\theta}\right)$$

$$= \frac{-Q}{2\pi}\left(\ln\left(x^2 + y^2\right)^{\frac{1}{2}} + i\theta\right) = \frac{-Q}{2\pi}\left(\frac{1}{2}\ln\left(x^2 + y^2\right) + i\arctan\frac{y}{x}\right)$$

$$= \frac{-Q}{2\pi}\left(u(x,\ y) + iv(x,\ y)\right)$$

图4-34

行文至此，面对初学者，请原谅笔者再次啰嗦，老翻旧账。

① $f(z) = \ln z$（为省事，暂且省去常数 $\frac{-Q}{2\pi}$）是解析函数，首先必然满足C-R条件：

$$\frac{\partial u}{\partial x} = \frac{x}{x^2 + y^2},\quad \frac{\partial u}{\partial y} = \frac{y}{x^2 + y^2}$$

$$\frac{\partial v}{\partial x} = \frac{1}{1 + \left(\dfrac{y}{x}\right)^2}\left(-\frac{y}{x^2}\right) = -\frac{y}{x^2 + y^2}$$

$$\frac{\partial v}{\partial y} = \frac{1}{1 + \left(\dfrac{y}{x}\right)^2}\left(\frac{1}{x}\right) = \frac{x}{x^2 + y^2}$$

可见

$$\frac{\partial u}{\partial x} = \frac{\partial v}{\partial y},\quad \frac{\partial u}{\partial y} = -\frac{\partial v}{\partial x}$$

正如所料，满足。

其次，函数

$$u(x,y) = C_1,\quad v(x,y) = C_2$$

式中 C_1 和 C_2 均为参数（任意常数），所表示的两组曲线必然相互一一正交，如图4-35所示。凭什么正交，如何验证？解法倒是不少，但网上没有搜到，只能自己动手。友人提示说，函数 $u(x,y) = C_1$ 的图形是等位线（参看图4-35

上的实线），其梯度

$$\operatorname{grad} u(x, y) = \frac{\partial u}{\partial x}\boldsymbol{i} + \frac{\partial u}{\partial y}\boldsymbol{j} = \frac{1}{x^2 + y^2}(xi + yj)$$

是个向量，同等位线正交。友人的话到此戛然而止！这倒不失为一盏指引方向的照明灯，盼有志趣者循此前进，莫错失这样的机会，培养自己的基本功。

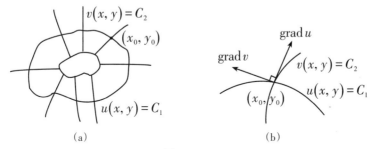

图 4-35

② 为节省笔墨，对具有解析函数背景的平面场，如眼下研究的静电场，以下暂称为解析场，并据此论述几个命题。

第一个命题是：解析场必然是位势场（存在等位线或面的场），反之亦然，弄明白了此例中以

$$f(z) = \frac{-Q}{2\pi}\ln z = \frac{-Q}{2\pi}\big(u(x, y) + iv(x, y)\big)$$

为背景的静电场，对命题的前者"解析场必然是位势场"当不会存疑，对命题的后者"位势场必然是解析场"，则当予以简要说明。

设平面场 $\boldsymbol{F}$ 为一位势场，其等位线方程为

$$u(x, y) = C_1 \tag{4-92}$$

同等位线相互垂直的梯度线方程为

$$v(x, y) = C_2 \tag{4-93}$$

如图 4-35 所示。既然相互垂直，即两者［方程（4-92）同方程（4-93）］的梯度向量必然垂直。从上列两式分别有

$$\operatorname{grad} u = \frac{\partial u}{\partial x}\boldsymbol{i} + \frac{\partial u}{\partial y}\boldsymbol{j}$$

$$\operatorname{grad} v = \frac{\partial v}{\partial x}\boldsymbol{i} + \frac{\partial v}{\partial y}\boldsymbol{j}$$

如图 4-35（b）所示。根据正交条件

$$\operatorname{grad} u \cdot \operatorname{grad} v = \left(\frac{\partial u}{\partial x}\boldsymbol{i} + \frac{\partial u}{\partial y}\boldsymbol{j}\right) \cdot \left(\frac{\partial v}{\partial x}\boldsymbol{i} + \frac{\partial v}{\partial y}\boldsymbol{j}\right)$$

$$= \frac{\partial u}{\partial x}\frac{\partial v}{\partial x} + \frac{\partial u}{\partial y}\frac{\partial v}{\partial y} = 0$$

可得

$$\frac{\partial u}{\partial x} = \frac{\partial v}{\partial y}, \ \frac{\partial u}{\partial y} = -\frac{\partial v}{\partial x}$$

由此可见，如取函数

$$f(z) = u(x, y)\boldsymbol{i} + v(x, y)\boldsymbol{j}$$

则函数 $f(z)$ 满足 C - R 条件，位势场 $\boldsymbol{F}$ 同时也是解析场。至此，命题"解析场必然是位势场，反之亦然"完全得到证实。

补充一句，判定两条曲线正交，不外乎三种手段：两者的梯度向量正交，两者的切线向量正交，一切线方向同另一切线的法线向量吻合。此例采用了前者，读者可一展身手，试一试更好的套路。

第二个命题是：解析场，位势场，无旋场，沿闭曲线的积分等于零，积分与路径无关，这五者是等价的，互为充要条件，乃同一客观事物从各自的角度观察所致的五种异曲同工的数学表述。显而易见，这是前一个命题的延拓，对此，我们将先以前述的静电场作为实例阐述其中的含义，避免过目就忘。

已知，函数

$$f(z) = \ln z = u(x, y) + iv(x, y)$$
$$= \frac{1}{2}\ln(x^2 + y^2) + i\arctan\frac{y}{x}$$

代表一位势场，如图4-34所示。图4-34中实线为等位线，其方程为

$$u(x, y) = \frac{1}{2}\ln(x^2 + y^2) = C_1$$

虚线代表电场强度，是个向量，其方程为等位线函数的梯度

$$\operatorname{grad} u(x, y) = \frac{\partial u}{\partial x}\boldsymbol{i} + \frac{\partial u}{\partial y}\boldsymbol{j} = \frac{x}{x^2 + y^2}\boldsymbol{i} + \frac{y}{x^2 + y^2}\boldsymbol{j} = P\boldsymbol{i} + Q\boldsymbol{j} \tag{4-94}$$

设想存在一单位正电荷 m，在场中点 a 处，受电场力的驱动，沿闭曲线 L 移动，如图4-36所示。试问当电荷 m 绕 L 一圈回到起点后，电场或外力对其做功几何？

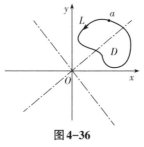

图4-36

首先，根据电工原理，电荷 m 在场内所受的力为

$$\operatorname{grad} u(x, y) = P\boldsymbol{i} + Q\boldsymbol{j}$$

绕闭曲线 L 一圈电场所做的功

$$W = \oint_L P\mathrm{d}x + Q\mathrm{d}y = \iint_D \left(\frac{\partial Q}{\partial x} - \frac{\partial P}{\partial y} \right) \mathrm{d}x\mathrm{d}y \tag{4-95}$$

式（4-95）中，D 代表 L 所围成的区域，如图4-36所示。

次之，从等式（4-95）有

$$\frac{\partial Q}{\partial x} - \frac{\partial P}{\partial y} = \frac{\partial}{\partial x}\frac{\partial u}{\partial y} - \frac{\partial}{\partial y}\frac{\partial u}{\partial x} = 0$$

上述结果正式宣告：位势场中"沿闭曲线的积分等于零""积分与路径无关""位势场必然是无旋场"。至于后一说法，如有疑虑，请参阅《高数笔谈》52-54页（东北大学出版社，2016年出版）。其实，从直观上讲，既然"沿闭曲线积分等于零"，岂能生成"旋转运动"？

最后，本应对"无旋场必然是位势场"多说几句，无奈"留数"不耐烦了，只好请函数

$$f(z) = \ln z = \frac{1}{2}\ln\left(x^2 + y^2\right) + \mathrm{i}\arctan\frac{y}{x}$$
$$= u(x,\ y) + \mathrm{i}v(x,\ y)$$

表示的静电场 $\boldsymbol{F}$ 出场，匆忙解释一下。

设平面场

$$F = \frac{\partial u}{\partial x}\boldsymbol{i} + \frac{\partial u}{\partial y}\boldsymbol{j} = \frac{x}{x^2 + y^2}\boldsymbol{i} + \frac{y}{x^2 + y^2}\boldsymbol{j} = P\boldsymbol{i} + Q\boldsymbol{j}$$

因满足条件

$$\frac{\partial Q}{\partial x} - \frac{\partial P}{\partial y} = \frac{\partial}{\partial x}\left(\frac{y}{x^2 + y^2}\right) - \frac{\partial}{\partial y}\left(\frac{x}{x^2 + y^2}\right)$$
$$= \frac{-2xy}{\left(x^2 + y^2\right)^2} - \frac{-2xy}{\left(x^2 + y^2\right)^2} = 0$$

所以 $\boldsymbol{F}$ 是无旋场。现在大家所面临的问题是：面对一个无旋场 $\boldsymbol{F} = P(x, y)\boldsymbol{i} + Q(x, y)\boldsymbol{j}$，满足无旋的条件

$$\frac{\partial Q}{\partial x} - \frac{\partial P}{\partial y} = 0 \tag{4-96}$$

需要证明确定存在一个函数 $\bar{u}(x, y) = C$，正好其梯度

$$\operatorname{grad} \bar{u}(x, y) = P(x, y)\boldsymbol{i} + Q(x, y)\boldsymbol{j} \tag{4-97}$$

一般来说，解决这类问题的思路之一是：假想函数 $\bar{u}(x, y) = C$ 存在，再把它找

出来，即设

$$\frac{\partial \bar{u}(x, y)\boldsymbol{i}}{\partial x} + \frac{\partial \bar{u}(x, y)\boldsymbol{j}}{\partial y} = P\boldsymbol{i} + Q\boldsymbol{j}$$

据此，有

$$\frac{\partial^2 \bar{u}}{\partial x^2} + \frac{\partial^2 \bar{u}}{\partial y^2} = \frac{\partial P}{\partial x} + \frac{\partial Q}{\partial y} \tag{4-98}$$

到了这一步，就应借助给定条件（4-96）对式（4-98）右端予以简化。实际上数学家轻而易举便能证明

$$\frac{\partial P}{\partial x} + \frac{\partial Q}{\partial y} = 0$$

可惜，笔者无此本事，只会请求由函数 $f(z) = \ln z$（省去了常数）所表示的静电场施以援手，其提供的数据为［见等式（4-94）］

$$P = \frac{x}{x^2 + y^2}, \quad Q = \frac{y}{x^2 + y^2}$$

$$\frac{\partial P}{\partial x} = \frac{y^2 - x^2}{(x^2 + y^2)^2}, \quad \frac{\partial Q}{\partial y} = \frac{x^2 - y^2}{(x^2 + y^2)^2}$$

将上列结果代入等式（4-98），则得

$$\frac{\partial^2 \bar{u}}{\partial x^2} + \frac{\partial^2 \bar{u}}{\partial y^2} = 0 \tag{4-99}$$

这就是大名鼎鼎的拉普拉斯方程，其解称为调和函数。真是天遂人愿，需要的函数 $\bar{u}(x, y)$ 存在并且找到了，根据给定条件求拉普拉斯方程（4-99）的解，显然，就本例而言，所需要的函数 $u(x, y)$ 其实正是函数 $f(z) = \ln z$ 的实部

$$u(x, y) = \frac{1}{2}\ln(x^2 + y^2)$$

爱动手的读者不妨试探一下，看它是否满足拉普拉斯方程（4-99）以及给定的条件（4-97）。

啰嗦了这么久，总算把"解析场，位势场，无旋场，沿闭曲线的积分等于零，积分与路径无关，这五者是等价的，互为充要条件，乃同一客观事物从各自的角度观察所致的五种异曲同工的数学表述"交代完了，是否清楚，盼读者改进。

时至今日，请主角"留数"重新登台。什么是留数？4.6.1 节讲过，函数 $f(z)$ 的洛朗级数中，以 $a_{-1}z^{-1}$ 一项最为关键，其系数 a_{-1} 被称为函数 $f(z)$ 的留数。对此，我们将从两方面予以说明。

① 设函数 $f(z)$ 存在洛朗级数，表达式为

$$f(z) = \frac{a_{-m}}{z^m} + \cdots + \frac{a_{-1}}{z} + a_0 + a_1 z + \cdots + a_n z^n + \cdots$$

现在来检验，其中 $a_{-1} z^{-1}$ 一项凭什么脱颖而出？

在复平面上任选一条闭曲线 L，不包含原点，对上式两边沿 L 进行闭路积分，并借助积分公式

$$\oint_L \frac{\mathrm{d}z}{z^{n+1}} = \begin{cases} 0, & n \neq 0 \\ 2\pi\mathrm{i}, & n = 0 \end{cases}$$

则有：级数中除 $a_{-1} z^{-1}$ 一项外，余皆积分为零，因而

$$\oint_L f(z) = 2\pi\mathrm{i} a_{-1}$$

所以，系数 a_{-1} 出类拔萃，被称为函数 $f(z)$ 的留数。

② 前面介绍过一个平面静电场，其数学模型是复变函数

$$f(z) = \frac{-Q}{2\pi} \ln z$$

为检验它是否存在留数，对上式两边也进行沿闭曲线 L 的积分

$$\oint_L f(z)\mathrm{d}z = \frac{-Q}{2\pi} \oint_L \ln z\, \mathrm{d}z$$

不失一般性，设 L 为以原点为心的单位圆，则 $z = \mathrm{e}^{\mathrm{i}\theta}$，$\mathrm{d}z = \mathrm{i}\mathrm{e}^{\mathrm{i}\theta}\mathrm{d}\theta$，代入上式，得留数

$$\oint_L f(z)\mathrm{d}z = \frac{-Q}{2\pi} \oint_L \mathrm{i}\theta\mathrm{i}\mathrm{e}^{\mathrm{i}\theta}\mathrm{d}\theta = \frac{-Q}{2\pi}\left[\mathrm{e}^{\mathrm{i}\theta}(\mathrm{i}\theta - 1)\right]_0^{2\pi} = 2\pi\mathrm{i}\left(\frac{-Q}{2\pi}\right)$$

这样的结果，看来合情合理：导线带电之后形成一平面静电场，场的模型函数 $f(z)$ 所具有的留数正好吻合导数单位长度上的电荷，合理；函数 $f(z)$ 的留数所在的位置 $z = 0$ 处正好同于导线穿越复平面的地点，合情。而更为合情合理的是，上述表明，理论源于实际！

需要注意，前面的论述为省事起见，所用都是 $(z-0)$，若将 $(z-0)$ 改成 $(z-z_0)$，则上述一切，照样正确。建议读者自行检视一遍。

结束本节之前，补充一句话。复变函数 $f(z)$ 的许多性质多半与奇点有关，而为什么会出现奇点？联系到实际，这是场中存在"客观实体"，如电荷、水源、热体、质量诸如此类。英国物理大师霍金和彭罗斯共同证明：黑洞中心是个体积无限小、弯曲无限大、密度无限大、引力无限大的一个点。事实上，这就是宇宙的奇点，理论与实际的完美结合！

4.7 保角映射

术语"保角"非常陌生，映射已经是老相识了。例如，如图4-37所示，函数
$$y = x^2 \text{ 和 } z = x^2 + y^2$$
前者将自变量 x 映射成变量 y，整个 x 轴映射成一条抛物线；后者将自变量 x 和 y 映射成变量 z，平面上的一组同心圆映射成空间的一个圆锥。

其中，函数 $y = f(x)$ 比较简单，易于剖析。设想 $y = x^2$，则在 x 轴上的点 $a_1(1, 0)$ 和 $a_2(1 + \Delta x, 0)$ 将分别映射成点 $b_1(1, 1)$ 和 $b_2(1 + \Delta x, 1 + 2\Delta x + \Delta^2 x)$。当 $\Delta x \to 0$ 并略去高阶无穷小 $\Delta^2 x$ 后，则可认为线段 $a_1 a_2$ 映射成为线段 $b_1 b_2$，如图4-37（a）所示。从图上可见，不计高阶无穷小，线段 $a_1 a_2$ 与线段 $b_1 b_2$ 的夹角 $\theta = \arctan 2$。

说到这里，需要总结一下，第一，当 Δx 足够小时，可以认为过点 $a_1(1, 0)$ 的线段 $a_1 a_2$ 经映射成线段 $b_1 b_2$ 后，角度的变动等于 $\theta = \arctan 2$，或 $\tan \theta = 2$。正好是在点 $a_1(1, 0)$ 处函数 $f(x) = x^2$ 的导数 $f'(1, 0) = 2$；第二，不论点 a_2 在点 a_1 之右或之左，线段 $a_1 a_2$ 经映射后变动的角度永远相同，一直等于 $\theta = \arctan 2$，即 $\arg f'(1, 0)$。以上所述就是保角映射的实际意义。

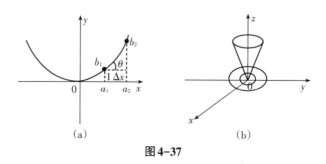

图4-37

4.7.1 基本概念

保角映射一遇到复变函数便活力四射，生机盎然，获得了多学科的青睐，有如下述。

设有函数
$$\omega = f(z) = u(x, y) + iv(x, y)$$
它将复变量 z 映射为另一个复变量 ω。若此函数及其反函数 $z = g(\omega)$ 两者全是解析函数，则该映射必具有某些重要的特征。欲知详情，请看下文。

在 z 平面上选一点 z_0，过 z_0 任作一光滑曲线 L，并于其上点 z_0 近处选一点 z_1，经映射后分别为 w 平面上的曲线 L'、点 ω_0 和点 ω_1，如图 4-38 所示。有鉴于研究函数 $y = x^2$ 的经验，下面就来探讨 $\omega = f(z)$ 其导数 $f'(z)$ 的实际意义。

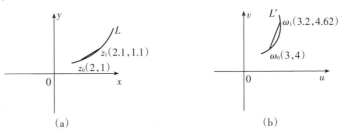

(a)　　　　　　　　　　　(b)

图 4-38

为形象起见，设函数

$$w = f(z) = z^2 = x^2 - y^2 + i2xy$$

两个点分别为 $z_0(2, 1)$ 和 $z_1(2.1, 1.1)$。由此有

$$\omega_0(2, 1) = 2^2 - 1^2 + i2 \times (2 \times 1) = 3 + i4$$

$$\omega_1(2.1, 1.1) = 2.1^2 - 1.1^2 + i2 \times (2.1 \times 1.1) = 3.2 + i4.62$$

因而

$$\frac{f(z_1) - f(z_0)}{z_1 - z_0} = \frac{\omega_1 - \omega_0}{z_1 - z_0} = \frac{0.2 + i0.62}{0.1 + i0.1}$$

$$\approx \frac{0.65 e^{i72°}}{0.1 \times \sqrt{2}\, e^{i45°}} \approx 4.6 e^{i27°}$$

从上式显然可知

$$f'(z_0) = \lim_{z_1 \to z_0} \frac{f(z_1) - f(z_0)}{z_1 - z_0} = \lim_{z_1 \to z_0} \frac{\omega_1 - \omega_0}{z_1 - z_0} \approx 4.6 e^{i27°}$$

现在，我们忍不住要问一声，求函数 $f(z) = z^2$ 的导数十分简单，直接可得

$$f'(z) = 2z, \quad f'(2, 1) = 2(2 + i) = 2\sqrt{5}\, e^{i26.6°}$$

何必如此大动干戈？问得理直气壮，本书只能如实道来。

现在请把图 4-38 放在眼前，既然问的是导数 $f'(2, 1)$ 的问题，就先来探讨一下它的实际意义。首先，$z_1 - z_0 = 0.1 + i0.1$ 和 $\omega_1 - \omega_0 = 0.2 + i0.62$ 两者都是复数，如图 4-38 中线段 $z_0 z_1$ 和 $\omega_0 \omega_1$ 所示；其次，两者的比值

$$\frac{\omega_1 - \omega_0}{z_1 - z_0} = \frac{0.2 + i0.62}{0.1 + i0.1} \approx 4.6 e^{i27°}$$

也是个复数，它带来了什么信息？暂时休息一下，然后细细琢磨，最后，琢磨好了，揭开谜底：一是复数的模 4.6，代表线段 $z_0 z_1$ 映射为线段 $\omega_0 \omega_1$ 后伸展了 4.6倍；二是幅角 27°，代表线段 $z_0 z_1$ 经映射为线段 $\omega_0 \omega_1$ 后旋转了 27°，为醒目起

见，破例将 z 平面同 ω 平面重叠起来，如图4-39所示。以上所述，就是导数 $f'(2, 1)$ 的几何意义。

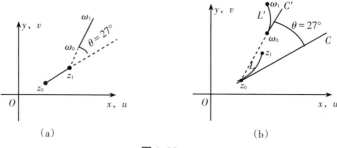

图4-39

必须强调，前面写得基本正确，尚待精化。细心的读者已经问话，取极限后，哪还有线段 z_0z_1 和 $\omega_0\omega_1$？问话是对的，那时线段 z_0z_1 和 $\omega_0\omega_1$ 已经分别化为曲线 L 过点的切线 C 和曲线 L' 过点 ω_0 的切线 C'。与之相应，导数 $f'(2, 1)$ 的几何意义化为：其模4.6是曲线 L 在 z_0 点处的弧长 Δz 经映射为曲线 L' 过点 ω_0 处的弧长 $\Delta\omega$ 后伸展率的极限值，其幅角27°是曲线 L 在 z_0 点处的切线经映射为曲线 L' 过点 ω_0 处的切线后转动的角度。以上所述均如图4-39（b）所示。

重要通知，前面对导数 $f'(2, 1)$ 的解说是以复平面上的曲线 L 为例的，事实上，充分理解了所有论证之后，不难看出，导数 $f'(2, 1)$ 的几何意义与所选用的过点 $z_0(2, 1)$ 的曲线无关。这就是说，过 z_0 点的任一曲线 L_i 及其上点 z_0 处的切线 C_i 经映射为 ω 面上的曲线 L'_i 及其上点 ω_0 处（点 z_0 的映射）的切线 C' 后，所转动的角度都是……读者请见谅，……此处的话笔者一时想不起来了，希自己补全。

此外，有兴趣的爱好者，不妨求出函数 $f(z) = z^2$ 在点 $z_0(2, 1)$ 处的导数同前文相互印证，以补不足。再有，说了这么多总该总结一下，为方便起见，暂且将 z 面上的点或曲线，如 z_0 或 L，映射至 ω 面上后，如 ω_0 或 L'，互称对应点或对应曲线。

定义4.5 设函数 $\omega = f(z)$ 及其反函数 $z = g(\omega)$ 两者除个别孤立点外处处解析，则映射 $\omega = f(z)$ 称为保角映射。

综上所述，可知保角映射具有下列特征：

① 在 z 面上任意两条相交的曲线其夹角（切线间的）等于在 ω 面上相应两条曲线的夹角，因此称为保角映射。

② 在 z 面上任一点处的微短弧段 Δz 经映射为 $\Delta\omega$ 后的伸展率，即 $\Delta\omega/\Delta z$，是固定的，不随 Δz 的取向而变。

③ 在 z 面上的连续曲线，其对应曲线也是连续的。

例4.28 设有映射 $\omega = z^2$，试求 z 平面的直线 $x = 1$ 及 $y = x$ 在 ω 平面上的对应曲线，并说明此映射的特征。

解 由给定映射

$$\omega = z^2 = (x + iy)^2 = x^2 - y^2 + i2xy$$
$$= u(x,\ y) + iv(x,\ y) \tag{4-100}$$

① 将 $x = 1$ 代入式（4-100），有

$$\omega = u + iv = 1 - y^2 + i2y \tag{4-101}$$

以 y 为参数，可知上式代表 ω 平面上的一条抛物线，如图4-40（b）所示。易知，从式（4-101）可得

$$v^2 = 4(1 - u)$$

为一条在 ω 平面上的抛物线。

② 将 $y = x$ 代入等式（4-100），有

$$\omega = u + iv = y^2 - y^2 + i2y^2 = 0 + i2y^2$$

上式表明 $u = 0$，$v \geq 0$，$y = x$ 的对应曲线，为 ω 平面上的正半虚轴，如图4-40（b）所示。

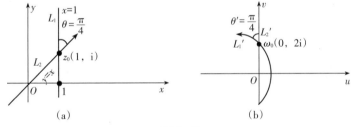

图4-40

从题设条件可知，直线 $x = 1$ 与 $y = x$ 的交点 $z_0(1,\ i)$ 并非奇点，且其导数

$$f'(1,\ i) = 2z \Big|_{(1,i)} = 2\sqrt{2}\, e^{i\frac{\pi}{4}}$$

据此判定：第一，映射 $\omega = z^2$ 为保角映射；第二，$z_0(1,\ i)$ 的对应点为 $\omega_0(0,\ 2i)$，从 z_0 处的切线到 ω_0 处对应切线的转动角等于 $\pi/4$，即导数 $f'(1, i)$ 的幅角，弧长 Δz 的伸展率等于 $2\sqrt{2}$，即导数 $f'(1, i)$ 的模。

看完例子，有一事相求，请问导数的幅角如果为 $-\pi/4$，与 $+\pi/4$ 存在什么差异？究竟是否存在差异？本书认为，存在差异，$\pi/4$ 代表按默认方向，也就是逆时针转动，$-\pi/4$ 与之相反，代表顺时针转动，不知读者意见如何？若同

意，则希说明原因。

例4.29 设有映射$\omega = z^2$及z平面上的两条直线

$$L_1 : y = 0, \quad L_2 : y = x$$

和两者在第一象限所围成的区域D，试求其对应曲线L_1'、L_2'和D'，并请参见图4-41。

解 给定函数$\omega = z^2$是解析函数，属于保角映射，将直线L_1及L_2的给定条件代入

$$\omega = z^2 = u + iv = x^2 - y^2 + i2xy$$

后，分别得其对应直线L_1'及L_2'的方程为

$$L_1' : u = x^2, \ v = 0; \quad L_2' : u = 0, \ v = 2x^2$$

均如图4-41（a）（b）所示。

为判定对应的D'，存在多种方法，因从上例已知直线L_2上点$z_0(1, i)$的导数

$$f'(1, i) = 2\sqrt{2}\,e^{i\pi/4}$$

便可推想：既然直线L_2是沿逆时针方向转动$\pi/4$弧度映射成L_2'，实为ω平面的v轴，那么自然z平面上的三角形区域D的对应区域D'应为ω平面上的整个第一象限，两者均如图上阴影线所示。

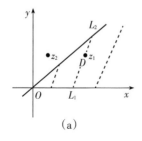
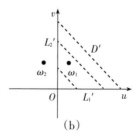

图4-41

值得提示一下，位于直线L_2两侧的点，如$z_1(1 + \Delta x, i)$和$z_2(1 - \Delta x, i)$，其对应点$\omega_1(2\Delta x, 2)$和$\omega_2(-2\Delta x, 2)$，则必位于直线L_2的对应直线v轴的两侧，如图所示，这对判断对应区域甚是有用。再有，就本例而言，直取

$$z = |z|e^{i\theta}, \quad L_1 : \theta = 0, \quad L_2 : \theta = \pi/4$$

则经映射$\omega = z^2 = |z|^2\,e^{i2\theta}$后，得对应直线分别为

$$L_1' : \theta = 0, \quad L_2' : \theta = \frac{\pi}{2}$$

答案一样，更为简捷。对此，不少读者认为，书上所讲并非全部，甚至并非全

对，理应多存疑问，善于思考，方能有所创新，起到后浪的作用，你意下如何？

4.7.2 应用

已经知道，解析函数 $\omega = f(z)$ 实际上是从 z 平面到 ω 平面的映射，可以将 z 平面上的区域映射为 ω 平面上的区域，由此不难想到，若能将复杂的不易处理的区域映射为简单的易于处理的区域，求解实际问题岂非好事一桩？为说明此事缘由，先说一个例子。

设想存在一条无穷宽且长的河，河床一望无垠，一平如镜，河水速度不变，平稳地自西向东缓缓而去，如图4-42（a）所示。其上虚线代表水流，实线代表水流的等压线，像这样的流体场，知道水压就能算出水速，易于处理。对于不易处理的情况也请放心，因为我们现在手中有了一件神器——保角映射，如映射

$$\omega = z^2 \quad \text{或} \quad \omega = z^{\frac{1}{2}}$$

就分别能将 z 平面上的第一象限映射为 ω 平面上的上半平面或与之相反，并如图4-43所示。

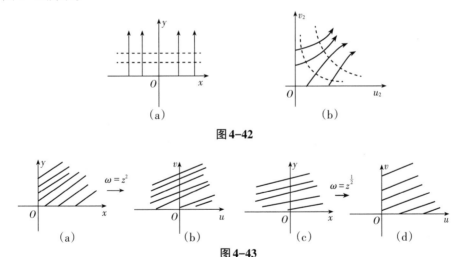

图 4-42

图 4-43

至此，务希大家异想天开，一齐来干件翻江倒海的伟大工程，把如图4-42（a）上的通天大河拦腰截断，其左半扭转90°，成如图4-42（b）所示的两边夹个直角的另一条巨河。伟大工程顺利竣工，但留下一件揪心事，该如何判定水流的动向和等压线呢？它是一条弯成直角的巨河呀！

需要解释一下，平面场无论是流体场、涡度场、引力场或者静电场，其数

学模型基本相似。本书仍以静电场为例，给大家一个交代。

现在讨论的对象是个静电场，记作 F，其模型函数

$$\omega_1 = f(z) = v + ikz = v - ky + ikx = u_1(x，y) + iv_1(x，y) \qquad (4-102)$$

式中，v 和 k 都是常数，随面电荷密度和介质性质而定。

不难确定，式（4-102）中的函数 u_1 同 v_1 满足 C-R 条件：

$$\frac{\partial u_1}{\partial x} = \frac{\partial v_1}{\partial y} = 0，\quad \frac{\partial u_1}{\partial y} = -\frac{\partial v_1}{\partial x} = -k$$

表明映射 $\omega = f(z)$ 为保角映射。

现在所研究的场 F 是个平面静电场，如图 4-44（a）所示，在 $y = 0$ 的过 x 轴的无限大平面上带有电荷，分布均匀，形成静电场 F，其等位线如图中虚线所示，电力线如图中实线所示，两者的数学表达式分别为映射 $\omega_1 = f(z)$ 的实部 $u_1(x，y)$ 和虚部 $v_1(x，y)$ 取常数值：

$$u_1(x，y) = v - ky = C_1，\quad v_1(x，y) = kx = C_2$$

据上可知，电位是随高度而逆减的，原因何在？看等位线方程，则豁然开朗。

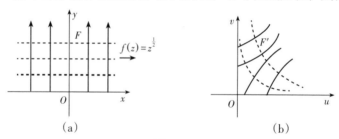

图 4-44

书归正传，目前的任务是：寻求一种映射能把场 F 的带电平面劈成两半，将左半顺时针方向转动 90°，使之变为如图 4-44（b）所示的静电场 F'。读者可能会打趣说，这无非是故技重演，与把巨河拦腰截断如出一辙 [参见图 4-42（b）]。

所言不虚，这倒使笔者想起了那时说到的映射

$$\omega_2 = f(z) = z^{\frac{1}{2}} = u_2 + iv_2 \qquad (4-103)$$

它就有本领将场 F 映射为 F'，正如图 4-42 所示。

最后，映射 $\omega_1 = v + ikz$ 同 $\omega_2 = z^{\frac{1}{2}}$ 结合，得映射

$$\begin{aligned}
\omega_1 &= v + ikz = v + ik\omega_2^2 \\
&= v + ik\left[(u_2^2 - v_2^2) + i2u_2v_2\right] \\
&= v - 2ku_2v_2 + ik(u_2^2 - v_2^2)
\end{aligned}$$

由此可知，场 F' 的等位线和电力线其方程分别为

$$v - 2ku_2v_2 = 常数$$

和

$$u_2^2 - v_2^2 = 常数$$

其图形分别如图4-44（b）中虚线和实线所示，且相互正交。

上例虽然简单，却道出了将保角映射用之于实际的关键所在，可谓麻雀虽小，肝胆俱全，本书面对工科读者，建议吃透映射

$$\omega = z^{\frac{1}{2}}$$

$$\omega^2 = (u + iv)^2 = u^2 - v^2 + i2uv = z = x + iy$$

它将z平面的上半平面映射成ω平面的第一象限，尽管这已耳熟能详，但仍绘图4-43附之，以永远不忘。

设想z平面上的直线方程

$$y = 常数, \quad x = 常数$$

分别示意等位线和电力线，则从上列映射可知，ω平面上的曲线方程

$$2uv = 常数, \quad u^2 - v^2 = 常数$$

分别示意等位线和电力线，全部所述均如图4-44所示，也是保角映射的精华。

4.8 习题

1. 求函数$f(z) = \mathrm{Re}\, z$的积分：

（1）沿闭曲线L_1；

（2）沿半圆L_2；

（3）沿折线L_3。

分别如图4-45（a）（b）（c）所示。

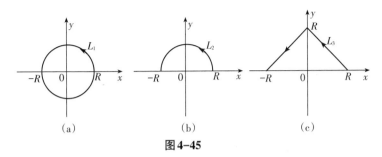

图4-45

2. 设函数$f(z) = z^2$，试通过直接计算，验证积分

$$\int_{L_2} f(z)\mathrm{d}z = \int_{L_3} f(z)\mathrm{d}z$$

其中，积分路径 L_2 和 L_3 分别如图 4-45（b）（c）所示。

3. 求下列各积分的值：

（1）$\oint_L \dfrac{e^z}{z-3}$，L：$|z|=2$；

（2）$\oint_L \dfrac{z^3}{(z-1)^4}dz$，$L$：$|z|=4$；

（3）$\oint_L \dfrac{e^z}{z(2z+1)^3}dz$，$L$：$|z|=1$。

4. 试写出下列各函数的泰勒级数或洛朗级数：

（1）$f(z)=\dfrac{1}{(z-1)(z-2)}$，在圆环域内：$0<|z|<1$；

（2）$f(z)=\dfrac{1}{(z-2)(z-3)^2}$，在圆环域内：$0<|z-2|<1$；

（3）$f(z)=\dfrac{z-1}{z^2}$，在区域 $|z-1|>1$。

5. 试求函数

$$f(z)=\frac{1}{z(z-2)}$$

的极点及其留数。

6. 试将函数

$$f(z)=\frac{z-\sin z}{z^6}$$

展成洛朗级数，并求留数。

7. 求下列函数

（1）$f(z)=\dfrac{z}{(z^2+1)(z-1)^2}$，

（2）$f(z)=\dfrac{e^{z^2}-1}{z^2}$

的孤立奇点，并指明类别。

8. 试任写一函数，其一阶极点和留数分别为

（1）i，3；

（2）$-2i$，-1；

（3）5，$\dfrac{1}{2}$；

（4）-8，$\dfrac{i}{2}$。

9. 试求映射 $\omega=z^2$ 在 $z=i$ 处的转动角和伸展率。

10. 同题9，求在 $z = 1 + i$ 处的转动角和伸展率。

11. 试验证映射

$$\omega = \frac{z - i}{z + i}$$

将 z 平面的上半平面映射为 ω 平面上以原点为心的单位圆内部，如图 4-46 所示。

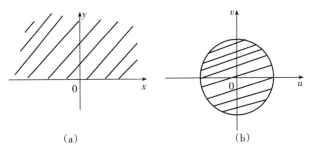

图 4-46

12. 已知映射 $\omega = f(z)$ 将 z 平面上的区域 ［如图 4-47（a）所示］ 映射为 ω 平面的上半平面，如图 4-47（b）所示。试求此映射。

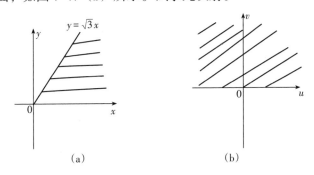

图 4-47

13. 设有映射 $\omega = iz$，试求下列图形：

（1）以 $z_1 = i$，$z_2 = -1$，$z_3 = 1$ 为顶点的三角形；

（2）$z - 1 \leqslant 1$ 代表的闭圆域的对应图形。

14. 试以自己所熟知的一个平面场为例，总结自己所掌握的复变函数知识。

第5章 概率论

概率论在早期曾叫作"或然率"，直白地说，就是"或者是对的比率"，其中"或者"一词最为费解，不知花了多少代英豪的心血才收获到了今日的成果。面对这些成果，数学家认为它是建筑在公理化基础上的一座理论大厦，工程师认为是理论源于实践而又用于并指导实践的巨大宝库。

5.1 基本概念

主要介绍文氏图、古典概率、排列与组合、概率的公理化定义一系列最基本的内容，没有难点，却是重点。

5.1.1 文氏图

进行社会调查，了解一些人的国籍。设图5-1是一张世界上人口国籍情况图，其中：

① 图（a）的阴影部分表示具有A国和B国国籍人口的总和，记作$A \cup B$；

② 图（b）的阴影部分表示具有A和B国双重国籍人口的总和，记作$A \cap B$；

③ 图（c）的阴影部分表示全世界不具有A国国籍人口的总和，记作$\bar{A}$；

④ 图（d）的阴影部分表示具有A国国籍但不具有B国国籍人口的总和，

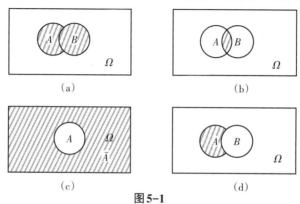

图5-1

记作$A-B$。

上面的图形习惯上称为文氏图，既形象直观，又富启发性，是学习概率论的帮手，有如下述。

人们在观察客观世界的过程中，发现存在两种截然相反的现象。一是必然现象，太阳必然从东方升起，西方落山；人类必然是由童到老，不会返老还童。一是随机现象，天空有时晴空万里，有时电闪雷鸣；人类有时和平共处，有时纷争不断。像这样的事例层出不穷，诸如

① 眼见把一枚硬币向上抛去，落在地上；

② 落在地上的硬币正面向上；

③ 明天会下雨；

④ 努力学习，成绩就会好起来。

这些究竟是必然现象抑或随机现象，大家有无统一的意见？

人类面对客观世界，首先是认识，继之是改造。在认识必然现象的过程中，催生了许多学科，不胜枚举，在认识随机现象的过程中，催生的学科非概率论莫属。愿闻详情，请听下面一一道来。

5.1.2 随机事件

前面谈起过随机现象，现在又讲随机事件，为明确两者的关联，举例如下。

例5.1 掷一颗骰子，一共会出现1，2，…，6这6种结果，将其视为一个集合$\Omega = \{1, 2, 3, 4, 5, 6\}$。易知，集合$\Omega$包含若干的子集，如子集：

$A = \{1, 3, 5\}$表示出现奇数点的集合；

$B = \{2, 4, 6\}$表示出现偶数点的集合；

$C = \{2, 4\}$表示出现不大于4点的偶数集合；

$D = \{4, 5, 6\}$表示出现不小于4点的集合；

$E = \{1\}$表示只出现1点的集合。

以上各个集合分别如文氏图5-2所示。

掷一次骰子，称为一次试验，称试验

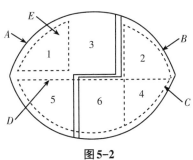

图5-2

所有可能出现的结果构成的集合为样本空间，常记作$\Omega = \{\omega\}$，其中ω表示试验可能出现的结果，是样本空间Ω的一个元素，称为样本点。

习惯上，大家把样本空间的一个样本点称为随机现象，一个子集称为随机事件，但这也不是绝对的，就本例而言，如把骰子出现1点视为一个子集E，也可称为随机事件。

5.2 事件与集合的对应关系

前面讲过，一个随机事件，以下简称事件，同样本空间中的一个子集相互对应。记样本空间为Ω，样本点为ω，其子集为$A, A_1, A_2, \cdots, A_n, B, C$等大写字母。

5.2.1 对应关系

（1）事件的包含

当事件A包含事件B时，记作$A \supset B$。如例5.1中，则有
$$A \supset E, B \supset C$$
上式的含义非常明显，意则E中的元素或C中的必属于A或B，而A或B中的元素至少有一个不属于E或C。如文氏图5-3所示，意为事件B发生必导致事件A发生。

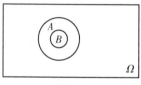

图5-3

（2）事件和（并）——和集

事件A同事件B之和，记作$A \cup B$。如例5.1中
$$A \cup B = \{1, 3, 5\} \cup \{2, 4, 6\}$$
$$= \{1, 2, 3, 4, 5, 6\} = \Omega$$
$$C \cup D = \{2, 4\} \cup \{4, 5, 6\} = \{2, 4, 5, 6\}$$
上式表明，和集就是两个集合元素的总和，相同的元素只计一次，即
$$A \cup B = \{\omega: \omega \in A \text{ 或 } \omega \in B\}$$
如图5-1（a）所示。

（3）事件的交——交集

事件A同事件B之交，记作$A \cap B$。如例5.1中
$$C \cap D = \{2, 4\} \cap \{4, 5, 6\} = \{4\}$$
$$A \cap B = \{1, 3, 5\} \cap \{2, 4, 6\} = \varnothing \text{（空集）}$$
上式表明，交集$A \cap B$就是集合A和B两者共有的元素构成的集合，即
$$A \cap B = \{\omega: \omega \in A \text{ 且 } \omega \in B\}$$

如图5-1（b）所示。

（4）对立事件——补集

事件A的对立事件，记作$\bar{A}$。如例5.1中

$$\bar{A} = \overline{\{1,\ 3,\ 5\}} = \{2,\ 4,\ 6\}$$

$$\bar{C} = \overline{\{2,\ 4\}} = \{1,\ 3,\ 5,\ 6\}$$

上式表明，A的补集$\bar{A}$就是Ω中不属于A的元素组成的集合，即

$$\bar{A} = \{\omega:\ \omega \in \Omega\ \text{且}\ \omega \notin A\}$$

如图5-1（c）所示，意为事件$\bar{A}$发生的充要条件是事件A不发生，也称$\bar{A}$为A的逆反事件，显然从图5-1（c）可见

$$A \bigcup \bar{A} = \Omega,\ A \bigcap \bar{A} = \varnothing$$

（5）事件的差——差集

事件A和事件B的差，记作$A-B$，如例5.1中

$$A - E = \{1,\ 3,\ 5\} - \{1\} = \{3,\ 5\}$$

$$B - C = \{2,\ 4,\ 6\} - \{2,\ 4\} = \{6\}$$

$$A - C = \{1,\ 3,\ 5\} - \{2,\ 4\} = \{1,\ 3,\ 5\}$$

上式表明，A和B的差集就是属于A而不属于B的那些元素构成的集合，即

$$A - B = \{\omega:\ \omega \in A\ \text{而}\ \omega \notin B\} = A \bigcap \bar{B}$$

如图5-1（d）所示，意为事件A和事件B之差$A-B$就是事件A发生时事件B不发生。

（6）互不相容事件

事件A和事件B互不相容，也称互斥，记作$A \bigcap B = \varnothing$，如例5.1中

$$A \bigcap B = \{1,\ 3,\ 5\} \bigcap \{2,\ 4,\ 6\} = \varnothing$$

$$D \bigcap E = \{4,\ 5,\ 6\} \bigcap \{1\} = \varnothing$$

上式表明，集合A和集合B互不相容就是两者不容有公共元素。如图5-4所示，意为事件A和事件B两者互斥，不会同时发生。

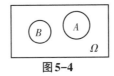

图5-4

5.2.2 运算规律

事件的运算同集合的一致，存在如下的规律：

① 交换律：$A \bigcup B = B \bigcup A,\ A \bigcap B = B \bigcap A$；

② 结合律：$A \bigcup (B \bigcup C) = (A \bigcup B) \bigcup C$,

$\qquad A \bigcap (B \bigcap C) = (A \bigcap B) \bigcap C$;

③ 分配律：$A \bigcup (B \bigcap C) = (A \bigcup B) \bigcap (A \bigcup C)$,

$\qquad A \bigcap (B \bigcup C) = (A \bigcap B) \bigcup (A \bigcap C)$;

④ 对偶律：$\overline{A \bigcup B} = \bar{A} \bigcap \bar{B}, \overline{A \bigcap B} = \bar{A} \bigcup \bar{B}$。

上述运算只含两个集合或两个事件，实际上可推广为任意个集合或事件，不再引述，留给读者。

5.3 古典概率

古典概率历史悠久，源于赌博。早在 17 世纪就有不少数学家分身于斯，解决了许多困难的问题。它既是基础，又富于实用。为加深理解，举例说明如下。

例 5.2 抛掷一枚正常的硬币，问落地时正面向上的可能性是多少？连续抛掷两次，全都是正面向上的可能性是多少？

解 硬币是正常的，落地后只能正面或反面向上（不考虑诸如直立等异常情况，以下同），共两种可能性。因此，记硬币正面向上的可能性为 p_1，则

$$p_1 = \frac{1}{2}$$

连抛两次，若想全都向上，则第一次必须向上，可能性为 $\frac{1}{2}$，第二次也必须向上，可能性也为 $\frac{1}{2}$。因此，硬币连续两次全都正面向上的可能性为

$$p_2 = \frac{1}{2} \times \frac{1}{2} = \frac{1}{4}$$

例 5.3 同例 5.2，问将硬币连抛 3 次，试问 2 次正面向上、1 次反面向上的可能性是多少？不考虑正或反面向上的顺序。

解 1 遵循求解上例的思路，符合要求的结果计有

$$正正反，正反正，反正正$$

3 种。每种出现的可能性均为 $\frac{1}{2} \times \frac{1}{2} \times \frac{1}{2} = \frac{1}{8}$。因此，若记硬币向上两次、向下一次的事件为 A，则事件 A 发生的可能性

$$P(A) = \frac{1}{8} + \frac{1}{8} + \frac{1}{8} = \frac{3}{8}$$

解 2 硬币抛掷 3 次，将其所有的结果全部列举出来，计有

正正正，正正反，正反正，正反反

反反反，反反正，反正反，反正正

8种。每种出现的可能性均为 $\frac{1}{2} \times \frac{1}{2} \times \frac{1}{2} = \frac{1}{8}$，其中符合要求的计有3种，因此

$$P(A) = 3 \times \frac{1}{8} = \frac{3}{8}$$

两种解法答案完全相同，这是自然的，试设想，从中受到了什么样的启示？

① 这种解决问题的方法局限太多，难于推广。不说抛掷硬币上百次，就是抛掷10次，也会出现 2^{10} 种结果，即1024种结果。若是要想回答例如"7次正面向上、3次反面向上"的可能性是多少这样的问题，单凭人工恐怕一天也不够！

② 例5.3解2列举抛掷硬币连续3次可能发生的8种结果，让我们联想起了进行随机试验的样本空间 Ω 和样本点 ω，同时再将"可能性"术语化为"概率"，上升到理论后，便诞生了下述的定义。

定义5.1　如果随机试验满足

① 试验的样本空间 Ω 由有限个样本点 ω 组成，即 $\Omega = \{\omega_1, \omega_2, \cdots, \omega_n\}$，

② 每个样本点的出现是等可能的，

③ 事件 A 由样本空间 Ω 中的 m 个样本点组成，

则称

$$P(A) = \frac{m}{n}$$

为事件 A 发生的概率。

例5.4　室内共有4人，两男两女，相继走出两人，试问

①第一次出来的是男人的概率；

②相继出来的都是男人的概率。

解　① 分别记两个男人为 ω_1 和 ω_2，两个女人为 ω_3 和 ω_4，则此时的样本空间

$$\Omega = \{\omega_1, \omega_2, \omega_3, \omega_4\}$$

共包含4个样本点。

记男人出来的事件为 A。易知事件 A 包含两个样本点。因此按定义5.1，得

$$P(A) = \frac{1}{2}$$

② 走出一个人后，室内尚余3人。据解可知，"走出一人"产生4个样本点，"再走一人"又将产生3个样本点"相继走出两人"就会产生12个样本

点，如下所示：

$$\omega_1\omega_2, \quad \omega_1\omega_3, \quad \omega_1\omega_4, \quad \omega_2\omega_1$$
$$\omega_2\omega_3, \quad \omega_2\omega_4, \quad \omega_3\omega_1, \quad \omega_3\omega_2$$
$$\omega_3\omega_4, \quad \omega_4\omega_1, \quad \omega_4\omega_2, \quad \omega_4\omega_3$$

比如，样本点 $\omega_1\omega_2$ 表示相继走出两个都是男人，$\omega_3\omega_4$ 表示相继走出两个都是女子。

记相继走出的两个都是男人的事件为 B，易知事件 B 在 12 个样本点中只包含两个样本点，即 $\omega_1\omega_2$ 和 $\omega_2\omega_1$。因此

$$P(B) = \frac{2}{12} = \frac{1}{6}$$

看完此解后，爱思考的读者会觉得这种解法有些"脑残"。此言有理，下文再议。

例5.5 有旅客 3 人，分别来自成都、南京和沈阳，到北京观光，从故宫、长城和颐和园各选景点一处。试问下列各事件的概率：

① 3 人都选同一景点游憩，事件 A；

② 3 人都没去颐和园，事件 B；

③ 3 人中至少有两个人去了长城，事件 C。

解 首先，确定此次旅游试验的样本空间 Ω。每个旅客都有 3 个不同的选择。将 3 个旅客组合起来就有 27 个不同的选择。将 3 个旅客简记为 ω_1，ω_2 和 ω_3，3 人的景点也依次记为 1，2 和 3。比如，ω_{11} 表示第一个旅客到故宫，ω_{23} 表示第 2 个旅客到颐和园。因此，样本空间包含 27 个样本点：

$$\Omega = \left\{ \omega_{ij} \middle| i = 1,\ 2,\ 3;\ j = 1,\ 2,\ 3 \right\}$$

其次，将 27 个样本点列表 5-1 如下：

表5-1

1	$\omega_{11}\omega_{21}\omega_{31}$	10	$\omega_{12}\omega_{21}\omega_{31}$	19	$\omega_{13}\omega_{21}\omega_{31}$
2	$\omega_{11}\omega_{21}\omega_{32}$	11	$\omega_{12}\omega_{21}\omega_{32}$	20	$\omega_{13}\omega_{21}\omega_{32}$
3	$\omega_{11}\omega_{21}\omega_{33}$	12	$\omega_{12}\omega_{21}\omega_{33}$	21	$\omega_{13}\omega_{21}\omega_{33}$
4	$\omega_{11}\omega_{22}\omega_{31}$	13	$\omega_{12}\omega_{22}\omega_{31}$	22	$\omega_{13}\omega_{22}\omega_{31}$
5	$\omega_{11}\omega_{22}\omega_{32}$	14	$\omega_{12}\omega_{22}\omega_{32}$	23	$\omega_{13}\omega_{22}\omega_{32}$
6	$\omega_{11}\omega_{22}\omega_{33}$	15	$\omega_{12}\omega_{22}\omega_{33}$	24	$\omega_{13}\omega_{22}\omega_{33}$
7	$\omega_{11}\omega_{23}\omega_{31}$	16	$\omega_{12}\omega_{23}\omega_{31}$	25	$\omega_{13}\omega_{23}\omega_{31}$
8	$\omega_{11}\omega_{23}\omega_{32}$	17	$\omega_{12}\omega_{23}\omega_{32}$	26	$\omega_{13}\omega_{23}\omega_{32}$
9	$\omega_{11}\omega_{23}\omega_{33}$	18	$\omega_{12}\omega_{23}\omega_{33}$	27	$\omega_{13}\omega_{23}\omega_{33}$

最后，清点样本点，从表5-1可见，事件 A 含有第1，14和27共3个样本点。因此

$$P(A) = \frac{3}{27} = \frac{1}{9}$$

事件 B 含有第1，2，4，5，10，11，13，14共8个样本点。因此

$$P(B) = \frac{8}{27}$$

事件 C 含有第5，11，13，14，15，17，23共7个样本点。因此

$$P(C) = \frac{7}{27}$$

题解完了，答案也正确，但总觉如此解题，有些怅然，不知尊意如何？请看完例5.6，再行表态。

例5.6 清朝范西屏和施襄夏都是围棋国手，两人的棋艺均臻化境，难分伯仲，相约手谈10局，试问每人各胜5局的概率是多少？

解 两人胜率相同，每下一局产生两个样本点。下完10局产生的样本点将是 $2^{10} = 1024$ 个。一个包含这么多样本点的样本空间 Ω，要把它像上例那样胪列出来，岂非难人所为？即或胪列出来了，想筛选出所需的样本点，岂是人力所及！好在数学前贤每逢险境，总能"逢山开路，遇水造桥"，走出一条路来。

5.4 排列与组合

5.4.1 二项式定理

念小学或初中就知道

$$(a+b)^2 = a^2 + 2ab + b^2$$
$$(a+b)^3 = a^3 + 3a^2b + 3ab^2 + b^3$$

归纳起来，便出现了下面的定理。

二项式定理 设 a 和 b 为常数，n 为正整数，展开式

$$(a+b)^n = a^n + C_n^1 a^{n-1}b + \cdots + C_n^m a^{n-m}b^m + \cdots + b^n$$

其中系数是从 n 个元素中任取 m 个的组合数

$$C_n^m = \frac{n!}{m!(n-m)!} \tag{5-1}$$

称为二项式定理。

上述展开式无处不在，无时不见，但请留心：其中系数 C_n^m 当 n 和 m 同时趋大时的变化趋势，如能描个示意图当然更好。这对理解行将介绍的大数定律

与极限定理会起到良好的作用。

例5.4和例5.5在解完之后，我们曾说过"脑残""怅然"，读者过目不忘，是否有同感？在复习过二项式定理后，是否想有所作为？不论如何，请拭目以待。

例5.7 同例5.6，两名围棋国手范西屏和施襄夏在当湖对局10盘，试求两位平方秋色的概率。

解 复习完二项式定理之后，总盼联系实际。

第一步，先写出展开式

$$(a+b)^{10}=a^{10}+10a^9b+\frac{10\times9}{2}a^8b^2+\cdots+C_{10}^5a^5b^5+\cdots+b^{10}$$

第二步，仔细端详展开式，看能否与本例挂钩。请看中间出现的一项，含有a的5次方和b的5次方。若把a视为范西屏胜，b视为施襄夏胜，则a^{10}代表范连胜10局，b^{10}为施连胜10局。a^5b^5代表范、施各胜5局，正是所需要的，但概率是多少呢？看看它的系数

$$C_{10}^5=\frac{10!}{5!5!}=\frac{6\times7\times8\times9\times10}{1\times2\times3\times4\times5}=7\times2\times9\times2=252$$

显然252不能是概率。毛病出在哪？下一步该如何走？

第三步，尽力探索前两步的假设，看是否符合实际。好了，原来毛病出在第二步，既然把a视为范西屏胜，b视为施襄夏胜，则a和b都应该等于$\frac{1}{2}$。因为两人旗鼓相当，获胜的概率自然应该一样。将$a=b=\frac{1}{2}$代入所论之项，得

$$P(a^5b^5)=C_{10}^5a^5b^5=\frac{10!}{5!5!}\times\left(\frac{1}{2}\right)^5\times\left(\frac{1}{2}\right)^5=\frac{252}{1024}=\frac{63}{256}$$

这就是正确的答案，两人各胜5局的概率。从此例不难看出，一个人想连胜10局的概率为

$$P(a^{10})=\left(\frac{1}{2}\right)^{10}=\frac{1}{1024},\ P(b^{10})=\left(\frac{1}{2}\right)^{10}=\frac{1}{1024}$$

属于小概率事件，是非常罕见的。

例5.8 中日两国进行乒乓球团体赛，各出席3名选手，一对一对打，3比2胜。根据统计分析，每位中国选手对每位日本选手的胜率均为$\frac{2}{3}$，日本选手为$\frac{1}{3}$。试问中国队获胜的概率。

解 用a和b分别代表中国队和日本队，决战3局，在展开式

$$(a+b)^3=a^3+3a^2b+3ab^2+b^3$$

中显然可知，右端头一项代表中国队连胜三局，第2项代表中国队胜两局负一

142

局，这两项都代表中国队胜。

与例5.7同理，将a代换为$\dfrac{2}{3}$，b为$\dfrac{1}{3}$，记中国队获胜为事件A，则

$$P(A) = \left(\frac{2}{3}\right)^3 + 3 \times \left(\frac{2}{3}\right)^2 \times \frac{1}{3} = \frac{8}{27} + \frac{12}{27} = \frac{20}{27}$$

读者请注意：$P(A) > \dfrac{2}{3}$，表明团队获胜的概率大于个人单挑获胜的概念。可以肯定，若将团队增至5人，则中国队获胜的概率必大于$\dfrac{20}{27}$。因此，就中国队而言，应建议把每盘11球获胜仍还原为21球胜，并增加团队人数。个中缘由，盼读者代为说明。

此外，事关胜负，再多说两句。就本例而言，如果有一方一开始便连胜两局，则胜负已定，不再进行比赛；否则，再赛一局。试问中国队获胜的概率有何变化？

从展开式

$$(a+b)^2 = a^2 + 2ab + b^2$$

可知，开始两局中国队获全胜的概率$P(AA)$、各胜一局的概率$P(AB)$和日本队获胜的概率$P(BB)$分别是

$$P(AA) = \left(\frac{2}{3}\right)^2 = \frac{4}{9},\ P(AB) = 2 \times \frac{2}{3} \times \frac{1}{3} = \frac{4}{9},\ P(BB) = \left(\frac{1}{3}\right)^2 = \frac{1}{9}$$

显然，只当各胜1局时才会继续比赛，这时中国队获胜的概率和日本队获胜的概率分别记为$P(AAB)$和$P(BAB)$，则

$$P(AAB) = P(A)P(AB) = \frac{2}{3} \times \frac{4}{9} = \frac{8}{27},\ \ P(BAB) = \frac{1}{3} \times \frac{4}{9} = \frac{4}{27}$$

综上所述，中国队获胜的概率

$$P(A) = P(AA) + P(AAB) = \frac{4}{9} + \frac{8}{27} = \frac{20}{27}$$

同前面的结果对比，完全一样，表明上述两种比赛规则同样公平合理，无优劣之分，与直观的理解完全相符。

5.4.2　排列

从以上的例子已经感受到，直接从样本空间筛选样本点，计算古典概率的方法常事倍而功半，当样本点太多时，甚至寸步难行。突围之道就在于善用排列和组合。

有个班级，6名学生，教室内有6把座椅，从1到6编号。班主任希望机会均等，让每个学生每天换一次座椅，并能与每个同学成为左邻右舍，一个月一

次循环。他掐指一算，对自己能否实现这种公平合理的计划缺乏把握，于是向一位数学老师求教。得到的答复是：要照章实现计划，需要24个月，稍作修改，则可按月循环。班主任闻言大喜，立志日后要学好数学。

达到上述班主任的预想，并易难事。先从简单情况开始，设想只有甲和乙两个学生，1号和2号两把椅子，则按照

$$甲1，乙2；乙1，甲2$$

换坐，两天就是一个循环。再加上1个学生丙，一把椅子3号，则按

$$甲1，乙2，丙3；乙1，丙2，甲3；丙1，甲2，乙3$$
$$乙1，甲2，丙3；甲1，丙2，乙3；丙1，乙2，甲3$$

换坐，6天就是一个循环。

上述办法如果用来解决班主任有10个学生，10把椅子的难题，恐怕大家至少一天一夜不能睡觉了，这种从特例开始的做法，目的在于启发我们的思维。现在就来思考，两个学生两把椅子，增加一个学生一把椅子，成为三个学生三把椅子，为什么便从两天一个循环变成了六天一个循环？

不失一般性，现在只考虑学生，有无椅子结果都是一样。设只有两名学生甲和乙，显然这时也只有两种排序：甲排第一位，乙第二位，即甲乙；乙排第一位，甲第二位，即乙甲。增加一名学生丙后，这时谁排第1位有了3种可能，无论是甲、乙或丙排第1位，余下2人还需排列次序，又有两种可能性。因此，3名学生一共会产生 $3 \times 2 = 6$ 种排序：

$$甲乙丙，甲丙乙，乙丙甲$$
$$乙甲丙，丙甲乙，丙乙甲$$

上述试验经归纳推理后，不难得到如下的排列公式。

排列公式 从 n 个不同的元素，如 $1，2，\cdots，n$，任取 m 个，按任意次序排成列，称为一个排列，则这样所有得到的不同排列的个数，记为 P_n^m，有

$$\mathrm{P}_n^m = n(n-1)\cdots(n-m+1) \tag{5-2}$$

当 $m = n$ 时，有

$$\mathrm{P}_n^n = n \times (n-1) \times \cdots \times 2 \times 1 = n!$$

例5.9 某老师家有4个书柜，其中一个放了一本唐诗。他随意相继看了两个书柜，问看到唐诗的概率是多少？

解 为书写方便，将书柜编号为1，2，3，4。这名老师相继看了两个书柜，是典型的排列问题。此时 $n = 4$，$m = 2$，共有排列

$$\mathrm{P}_4^2 = 4 \times 3 = 12$$

列举出来为

| 1 2 | 1 3 | 1 4 | 2 3 | 2 4 | 2 1 |
| 3 1 | 3 2 | 3 4 | 4 1 | 4 2 | 4 3 |

不失一般性，设唐诗放在2号书柜，从上可知，含2号书柜的样本计有6个，即

| 1 2 | 2 1 | 2 3 | 2 4 | 3 2 | 4 2 |

因此，记事件看见唐诗的概率为P，则

$$P = \frac{6}{12} = \frac{1}{2}$$

顺便补充一句，此例主旨在于说明排列的含义，尚有两种简明解法，读者不妨先试为快。

例5.10　有子至孝，为使父母高兴，买了几件珍玩，放在电视柜上，每天换一次排列顺序，两年内没有重样。试问至少是几件珍玩？

解　这是典型的排列问题。设珍玩的件数为n，则依题意，有

$$P_n^n = n! > 730$$

由于

$$P_4^4 = 4! = 24, \; P_5^5 = 5! = 120, \; P_6^6 = 6! = 720$$

可见，孝子买了至少7件珍玩。

5.4.3　组合

在介绍排列的开头，曾谈起过班主任如何安排6名学生座位遇到的难心事，不知读者是否尚有印象？数学老师的一个建议，立刻就让班主任走出困境。此事便和即将讨论的组合有关。

例5.11　食堂供应3种主食，米饭、馒头和花卷。每天随机选吃其中两种，能吃几天而不同样？

解　依题意，从3种主食任取两种，共有

　　　　米饭、馒头，米饭、花卷，馒头、花卷

3种不同选择。因此，能吃3天不同样。

上例是典型的组合问题，在实际中遍地都有，组合数的计算自然必不可少。

组合公式　从n个不同的元素中任选m个，不考虑选取的先后次序，称为一个组合，则这样组合的总数（记为C_n^m）为

$$C_n^m = \frac{P_n^m}{m!} = \frac{n!}{m!(n-m)!} \tag{5-3}$$

式（5-3）中，P_n^m代表从n个不同的元素中任选m个，考虑选取的先后次序的排列总数，已如前述。

证明 从 n 个不同的元素中任选 m 个，有两件选法。考虑先后次序，称为排列；不考虑先后次序，称为组合。

例如，编号为 1，2，3 的 3 个元素，从中选取 2 个，按排列选法，有

$$1\quad 2,1\quad 3,2\quad 3,2\quad 1,3\quad 1,3\quad 2$$

共 6 种选法。按组合选法，有

$$1\quad 2（含 2\quad 1），1\quad 3（含 3\quad 1），2\quad 3（含 3\quad 2）$$

3 种选法。由此可见，组合选法是排列选法的 $\dfrac{1}{2!}$，式中的 $2!=2$ 是 2 个元素的排列数。

又如，1，2，3，4 这 4 个元素从中任取 3 个，按排列选法共有 $P_4^3=24$ 种选法；按组合选法，则像

$$123,132,231$$
$$213,312,321$$

这 6 种排列都视为相同，只认定为一种选法。因此，组合选法是排列选法的 $\dfrac{1}{3!}$，等于

$$C_4^3=\frac{P_4^3}{3!}=\frac{4\times 3\times 2}{1\times 2\times 3}=4$$

式中的 $3!$ 代表从 4 个元素中选取 3 个的排列数。

上述推理显然适用于 n 和 m 为任何正数的情况（$n\geqslant m$），证完。

现在回头来看，数学老师给班主任提的建议：每天先将 6 名学生随意分成两组，每组 3 人，组内不计顺序，然后交换座位。这样一来则只需

$$C_6^3=\frac{P_6^3}{3!}=\frac{4\times 5\times 6}{1\times 2\times 3}=20（天）$$

就能循环换座一次。若要适当考虑学生间的左邻右舍，一个月循环换座一次也应该不成问题。

排列组合，可谓数学前辈留给大家求解古典概率问题的"左膀右臂"。如若不信，我们重新求解以前的例题，请看从中昭示出来的佐证。

首先，借助组合将二项式定理复述如下：

$$(a+b)^n=a^n+C_n^1a^{n-1}b+\cdots+C_n^ma^{n-m}b^m+\cdots+b^n$$

式中 C_n^m 是从 n 个不同元素中任选 m 个的组合数

$$C_n^m=\frac{n!}{m!(n-m)!}$$

上式的正确性毋庸置疑，下面就用组合的术语予以证实。仍从简单情况开

始，请看

$$(a+b)^2 = (a+b)(a+b) = a^2 + 2ab + b^2$$

展开式中右端最后一项中 a^2，ab 和 b^2 的系数是如何组成的？中间一项 $(a+b)(a+b)$ 包含 2 个 a 和 2 个 b，从 2 个 a 中选取 2 个 a，其组合数等于 $C_2^2 = 1$，这就是 a^2 的系数；从 2 个 a 中选取 1 个 a，其组合数等于 $C_2^1 = 2$，这就是 ab 的系数；从 2 个 b 中选取 2 个 b，其组合数等于 $C_2^2 = 1$，这就是 b^2 的系数。因此

$$(a+b)^2 = a^2 + C_2^1 ab + b^2$$

在此式中 $C_2^2 = 1$，只保留了 1。另外，从 2 个 a 中选 1 个 a，从 1 个 a 和 1 个 b 中选 1 个 a 或 b，从 2 个 b 中选 1 个 b，这 3 种情况其组合数都是 C_2^1，希读者注意。

再看复杂一点的展开式

$$(a+b)^5 = (a+b)(a+b)(a+b)(a+b)(a+b)$$
$$= a^5 + C_5^1 a^4 b + C_5^2 a^3 b^2 + C_5^3 a^2 b^3 + C_5^4 ab^4 + b^5$$

希望读者思考一下，$a^3 b^2$ 一项的系数是如何组成的？

趁读者在思考的时候，澄清一个问题，现在使用的组合选取法与常用的略有差异，但概念未变。比如，在这里实际上是从多项式

$$(a+b)(a+b)(a+b)(a+b)(a+b)$$

中进行 5 次选取，可依次选取 a 或 b，若依次选取的是 a，b，a，a，b，则组成展开式中的第 3 项 $C_5^2 a^3 b^2$。由此不难推知其系数 C_5^2 的来源，5 个 a 中选了 3 个 a，或 5 个 b 中选了 2 个 b，两者的组合数都等于 C_5^2。其他各项系数的来源与此同理，无需多言。

顺便说一下，组合数 C_n^m 是随 m 而递增的，当 $m = \dfrac{n}{2}$ 时，取最大值，若 n 为奇数，则当 $m = \dfrac{1}{2}(n \pm 1)$ 时，同为极大值，且成立

$$C_n^m = C_n^{n-m} = \frac{n!}{m!(n-m)!}$$

现在，复习过了二项式展开定理，熟悉了排列组合，这对于求解古典概率问题如虎添翼，不信的话，且看我们如何重算旧账。

例5.12 重解例5.3，求连抛 3 次硬币，正好 2 次正面向上的概率。

解1 用二项式展开定理，因抛掷了 3 次，所以是 3 次方二项式

$$(a+b)^3 = a^3 + 3a^2 b + 3ab^2 + b^3$$

取式中的 a 和 b 分别代表正面和反面向上。查看之后，可知上式右端第 2 项符合要求，又 a 或 b 出现的概率都是 $\dfrac{1}{2}$，代入该项，得

$$P(a^2b) = 3 \times \left(\frac{1}{2}\right)^2 \times \frac{1}{2} = \frac{3}{8}$$

答案是，连抛3次正好2次正面向上的概率为 $\frac{3}{8}$。

读者请想一下，为什么用 $P(a^2b)$ 表示正好2次正面向上的概率？因为它也是正好1次反面向上的概率。此外，还有

$$P(a^2b) = P(ab^2)$$

理解上式的含义不难，但务希吃透。学习时常想类似问题，日后必能左右逢源。

解2 已知硬币正面或反面向上的概率都是 $\frac{1}{2}$，因此连抛3次硬币，无论出现哪种结果，如正、反、正或反、正、反，其概率都是 $\left(\frac{1}{2}\right)^3$。出现正好2次正面向上的概率，显然就是从3次中选取2次的组合数 C_3^2 乘连抛3次每种结果发生的概率，即

$$P(a^2b) = C_3^2\left(\frac{1}{2}\right)^3 = \frac{3}{8}$$

两种解法其概率基本一样，结果自然一样。

例5.13 重解例5.4，求

① 第一个出来是男人的概率 P_1；

② 第一个和第二个出来的全是男人的概率 P_2。

解 ① 从4人中选取1人，共有 C_4^1 种选法，其中只有两种选取符合条件，因此

$$P_1 = C_4^1 \times 2 = \frac{2}{4} = \frac{1}{2}$$

② 从4人中选取2人，共有 C_4^2 种选法，其中只有1种选取符合条件，因此

$$P_2 = C_4^2 \times 1 = \frac{1 \times 2}{4 \times 3} = \frac{1}{6}$$

习惯上，在已知解①出来的第1个人是男人，且概率为 $\frac{1}{2}$，则室内只剩3人，再出来又是男人的概率为 $\frac{2}{3}$。因此

$$P_2 = \frac{1}{2} \times \frac{2}{3} = \frac{1}{6}$$

这样求解，笔者认为更为直观，步骤也存在减免的余地。

重解例5.3和例5.4之后，可见二项式定理确有妙用。能否将其推广，成为多项式展开定理，对解决古典概率问题岂不又多一个帮手？不妨先从三项式展开着眼，经过简单计算可得

$$\left.\begin{array}{l}(a+b+c)^2=a^2+b^2+c^2+2(ab+bc+ca)\\(a+b+c)^3=(a+b+c)(a+b+c)(a+b+c)\\\qquad=a^3+b^3+c^3+3(a^2b+a^2c+b^2c+b^2a+c^2a+c^2b)+6abc\end{array}\right\}\quad(5\text{-}4)$$

现在来检验一番，看它是否为好帮手。

例5.14 重解例5.5，三个旅客分别到3个景点观光，求

① 3人都同到1个景点的概率 $P(A)$；

② 3人没有去颐和园的概率 $P(B)$；

③ 3人中至少有2人去过长城的概率 $P(C)$。

解 ① 在式（5-4）中，令 a，b 和 c 分别代表3处景点故宫、长城和颐和园，3个旅客也分别用甲、乙和丙代表。

有了前述解题的经验，长话短说。易知，式（5-4）中的 a^3 表示3人同去了故宫，b^3 为长城，c^3 为颐和园，又去 a，b 或 c 的概率都是 $\frac{1}{3}$。因此，3人同游同一景点的概率

$$P(A)=\left(\frac{1}{3}\right)^3+\left(\frac{1}{3}\right)^3+\left(\frac{1}{3}\right)^3=\frac{3}{27}$$

② 查看式（5-4），显然其中4项 a^3，b^3，a^2b 和 b^2a 表示事件 B，3个人都没有去颐和园。因此

$$P(B)=\left(\frac{1}{3}\right)^3+\left(\frac{1}{3}\right)^3+3\times\left[\left(\frac{1}{3}\right)^2\times\frac{1}{3}+\frac{1}{3}\times\left(\frac{1}{3}\right)^2\right]$$
$$=\frac{2}{27}+3\times\frac{2}{27}=\frac{8}{27}$$

③ 在式（5-4）中，易知 b^3，b^2c 和 cb^2 3项表示事件 C。因此，3人中至少2人去长城的概率

$$P(C)=\left(\frac{1}{3}\right)^3+3\times\left[\left(\frac{1}{3}\right)^2\times\frac{1}{3}+\frac{1}{3}\times\left(\frac{1}{3}\right)^2\right]=\frac{7}{27}$$

看了重解，式（5-4）中的27项，对比原解的样本空间 Ω 中的27个样本点，孰优孰劣，一目了然。对此，有人感慨唏嘘，叹气嘟囔道："当年学了微积分，我就后悔不该花时间去学初等数学，如今重蹈覆辙，浪费光阴。"这与"吃完第三个馒头，饱了之后，后悔不该吃头两个馒头"何其相似。需要强调，切莫急功近利，做学问更是如此，一步一个台阶，方能到达顶峰。

例5.14的求解成功，二项式展开式（5-4）功不可没。现将其用组合数改写如下

$$(a+b+c)^3 = a^3+b^3+c^3+C_3^2(a^2b+a^2c+b^2c+b^2a+c^2a+c^2b)+\frac{3!}{1!\ 1!\ 1!}abc$$

以便总结系数规律，进行推广。

首先，看 a^3 的系数 $C_3^3=1$ 是如何计算出的，在多项式

$$(a+b+c)(a+b+c)(a+b+c)$$

中共存在 3 个 a，a^3 这一项之所以出现就是在于：从 3 个 a 中选取了 3 个 a，其组合数等于 C_3^3，正是 a^3 的系数。至于 b^3 或 c^3 的系数与此同理，都是 $C_3^3=1$。

其次，看 a^2b 的系数 $C_3^2=3$ 是如何计算出来的。在上式中任选 2 个 a，其组合数等于 C_3^2，余下来选 b 或选 c 都只剩 1 个选法 C_1^1。因此，a^2b 或 a^2c 的系数都是 $C_3^2C_1^1=3$。

最后，看 abc 的系数 $C_3^1C_2^1C_1^1 = \frac{3\times2\times1}{1!\ 1!\ 1!} = 3!=6$ 是如何计算出来的。在上式中，从 3 个 a 中任选 1 个 a，其组合数为 C_3^1；余下还剩 2 个选取，不论是选 b 或 c，其组合数全是 C_2^1；最终只剩下唯一的要选取，其组合数为 C_1^1。因此 abc 一项的系数等于 $C_3^1C_2^1C_1^1=3!=6$。

以上推理同样可用于 n 项式

$$(a_1+a_2+\cdots+a_n)^n = a_1^n+a_2^n+\cdots+a_n^n+C_n^1(a_1^{n-1}a_2+\cdots+a_n^{n-1}a_1)+\cdots+$$
$$C_n^{m_1}C_{n-m_1}^{m_2}\cdots C_{n-m_1-\cdots-m_{k-2}}^{m_{k-1}}a_1^{m_1}a_2^{m_2}\cdots a_n^{m_k}+\cdots \qquad (5-5)$$

式（5-5）中，$m_1+m_2+\cdots+m_k=n$，且

$$C_n^{m_1}C_{n-m_1}^{m_2}\cdots C_{n-m_1-\cdots-m_{k-2}}^{m_{k-1}} = \frac{n!}{m_1!m_2!\cdots m_k!}$$

例5.15 一位乒乓球教练，带 9 个队员，有 3 台球桌，他计划将 9 名队员分成 3 组，每组各专用一个球台，试问存在多少种分法？其中甲、乙、丙 3 名队员被分在同组的概率是多少？

解1 思考之后，不难想到这正好对应于三项式的 9 次方展开式

$$(a+b+c)^9 = a^9+b^9+c^9+\cdots+\frac{9!}{3!3!3!}a^3b^3c^3+\cdots$$

中 $a^3b^3c^3$ 的系数所代表的组合数

$$C_9^3C_6^3C_3^3 = \frac{9!}{3!3!3!} = \frac{9\times8\times7\times6\times5\times4}{3!3!} = 1680$$

上式表明共有 1680 种分法。

解2 在 9 名队员中除去甲、乙、丙 3 名队员余 6 名队员，将他们等分为 2 组，共有

$$C_6^3C_3^1 = \frac{6!}{3!3!} = 20 \text{（种）}$$

分法。上述结果表明，在把9名队员分为3组的1680种分法中，至少存在上述20种分法，甲、乙、丙是分在一组的，而实际若设此事件的概率为P，则

$$P = 2 \times \frac{20}{1680} = \frac{1}{42}$$

读者自然会问，为什么要乘以2？请往下看。

试设想，从9名队员中任选1名，选中甲、乙、丙3人中任1人的概率为$\frac{3}{9}$；再选1名，选中余下2人中任一人的概率为$\frac{2}{8}$；最后选1人，选中3人仅剩1人的概率为$\frac{1}{7}$。因此，连选3人恰选中甲、乙、丙3人的概率P_1为

$$P_1 = \frac{3}{9} \times \frac{2}{8} \times \frac{1}{7} = \frac{1}{84}$$

再设想，选第一次，没有甲、乙、丙；选第二次，没有甲、乙、丙；选了6次，都没有甲、乙、丙。记此事的概率为P_2，则

$$P_2 = \frac{6}{9} \times \frac{5}{8} \times \frac{4}{7} \times \frac{3}{6} \times \frac{2}{5} \times \frac{1}{4} = \frac{6 \times 5 \times 4 \times 3 \times 2 \times 1}{9 \times 8 \times 7 \times 6 \times 5 \times 4} = \frac{1}{84}$$

不言而喻，此事件的另一面是留下了甲、乙、丙，组成同组。因此，甲、乙、丙被分在一组的概率

$$P = P_1 + P_2 = \frac{1}{84} + \frac{1}{84} = 2 \times \frac{1}{84} = \frac{1}{42}$$

以上各例的解法，其中重解虽然有所进步，但准确地说，仅属"正统"，中规中矩，多少存在一些书生气。本书主观认为：古典概率是片广袤的沃土，能让人的思维"左冲右突"，神经灵活，产生奇思妙想。

例5.16 重解例5.9，有4个书柜，其中1个放唐诗一本。任选2个书柜，发现唐诗的概率是多少？

解1 易知，第一次任选1个书柜，发现唐诗的概率为$\frac{1}{4}$；否的概率为$\frac{3}{4}$，在否的情况下，第二次发现的概率为$\frac{1}{3}$。因此，在第一次没有发现唐诗的条件下，第二次发现的概率也是$\frac{3}{4} \times \frac{1}{3} = \frac{1}{4}$。总体算来，任选2个书柜发现唐诗这一事件的概率为

$$P = \frac{1}{4} + \frac{1}{4} = \frac{1}{2}$$

解2 换一种思路，先求连选两次没有发现唐诗的概率。显然，第一次选个书柜未能发现唐诗的概率为$\frac{3}{4}$，再来一次仍未发现的概率为$\frac{2}{3}$。因此，接连两次没有发现唐诗的概率为

$$\frac{3}{4} \times \frac{2}{3} = \frac{2}{4} = \frac{1}{2}$$

不言而喻，发现同没有发现唐诗这两个事件其概率之和必然等于1。由此可知，发现唐诗的概率为

$$P = 1 - \frac{1}{2} = \frac{1}{2}$$

答案和解1一致。

解3 说明两点：将4个书柜等分为2组，其中必有且只有1组放着唐诗；连选2次每次1个书柜完全等同于一次就选2个书柜。

据上所述，连选2次或一次就选2个书柜，即从两组书柜中任选1组发现唐诗的概率为

$$P = \frac{1}{2}$$

以上三种解法再加原解，一共四种，结果完全相同，但孰优孰劣，一目了然。盼读者自拿主意，并看下例。

例5.17 有6名旅客，其中1人见义勇为，领导定予褒奖。可是，出站后6人各自东西，随去寻找。

① 找到其中2名旅客；

② 找到了3名旅客；

③ 找到了4名旅客；

④ 找到了5名旅客。

试求上列各事件发生的概率。

解 ① 将旅客6人等分为3组，根据上例解3的思路，可知事件①发生的概率，也就是从中发现见义勇为者的概率为

$$P_1 = \frac{1}{3}$$

② 将6名旅客等分为2组，每组3人。从6名旅客中找到了3名，等同于从上述2组中任选一组，从中发现见义勇为者的概率为

$$P_2 = \frac{1}{2}$$

③ 同解①，将6名旅客等分为3组，每组2人。找到了4名旅客，等同于从上述3组中任选2组，从中发现见义勇为者的概率为

$$P_3 = \frac{2}{3}$$

④ 显然，找到了5名旅客从中发现见义勇为者的概率为

$$P_4 = \frac{5}{6}$$

最后，请读者放心，在人民群众的协助下，见义勇为者终于被找到了，受到了政府的高度赞誉和奖赏，以及大家的点赞。

希望有兴趣的看众，吃透此例解法的理论根据，并用自己擅长的方法予以验证，即可加深印象，达到温故而知新，进而将书柜或旅客人数推广至任何整数的情况，如下所述。

例5.18 有5辆汽车进入沈阳，其中只有1辆并非国产，随意抽选2辆：

① 其中有1辆非国产；

② 全是国产。

试求上列事件发生的概率。

解 ① 将5辆汽车分组，每组2辆，共2.5组（概念性的），非国产车必分在只能分在其中1组。因此，事件①发生的概率为

$$P_1 = \frac{1}{2.5} = \frac{2}{5}$$

② 不言而喻，全是国产车事件②发生的概率为

$$P_2 = 1 - P_1 = \frac{3}{5}$$

例5.19 我国一乡村小学的一个班级，全班30名学生个个优秀。其中1名更是德智体全面发展，被公认为全班第一。先从中随意选取：

① 10名学生；

② 12名学生；

③ 11名学生。

试求上列事件正好选中第一名的概率。

解 ① 将全班学生等分为3组，与前例同理，任选10名学生选中第一名的概率为

$$P_1 = \frac{1}{3}$$

习惯上解这类问题的方法是，先求选不中的概率

$$\bar{P}_1 = \frac{29}{30} \times \frac{28}{29} \times \cdots \times \frac{20}{21} = \frac{20}{30} = \frac{2}{3}$$

由上可知，选中的概率

$$P_1 = 1 - \bar{P}_1 = 1 - \frac{2}{3} = \frac{1}{3}$$

两种解法结果相同，前者干净利落，应为首选。

② 将30名学生等分为5组，每组6名，任选12名学生等同于任选其中2组，选不中第一名的概率为

$$\bar{P}_2 = \frac{4}{5} \times \frac{3}{4} = \frac{3}{5}$$

因此，任选12名学生选中第一名的概率为

$$P_2 = 1 - \frac{3}{5} = \frac{2}{5}$$

③ 面对这样的问题，作为工科读者，宜先猜想一下：选10名和12名学生的答案都出来了，难道选11名的概率会与其没有联系？取平均值试一试，设想事件③的概率为

$$P_3 = \frac{1}{2}(P_1 + P_2) = \frac{1}{2} \times \left(\frac{1}{3} + \frac{2}{5} \right) = \frac{11}{30}$$

上述答案对不对？本书不置可否，请读者全权处理，并关注答案的合理性：选10，11，12名各自选中第一名的概率是递增的；否则必然计算失误，必须改正。

5.5　公理化定义

在概率论的发展过程中，出现过多种对概率的定义，均各有优缺。能否把概率论建立在坚实的理论基础上？于是在20世纪中叶创立了公理化定义。

定义5.2　设T是随机试验，Ω为其样本空间，对Ω中的每一事件A，均对应地赋予一个实数$P(A)$，并设函数$P(A)$满足下列三项公理：

① 非负性：$P(A) \geqslant 0$；

② 规范性：$P(\Omega) = 1$；

③ 可列可加性：当事件A_1，A_2，$\cdots$，A_n，$\cdots$互不相容时，下式成立

$$P\left(\sum_{n=1}^{\infty} A_n \right) = \sum_{n=1}^{\infty} P(A_n)$$

则称实数$P(A)$为事件A的概率。

公理化定义对概率理论的前进曾起过类似蒸汽机的作用，但面向工科读者，本书志不在此，谨录述备忘。

5.6　条件概率

以前举例说，抛掷硬币，落地时正面或反面朝上的概率相同，都是$\frac{1}{2}$，仔细一想，稍有疑问：如果一枚硬币质地不匀，凹凸不平，则可能正或反面朝上的机会两不相同。这就是说，凡事都有条件，条件概率的意义大抵如是。

例5.20　据统计资料，某地每年平均降雪25天：11月3天，12月7天，1月8天，2月5天，3月2天。现在想知道下雪的概率。

① 一年内任选一天，事件A表示下雪天；

② 在11月内任选一天，事件B表示11月；

③ 在12月内任选一天，事件C表示12月；

④ 在第一季度，即每年头3个月内任选一天，事件D表示第一季度。

试求上列事件发生的概率，即下雪的概率。

解　① 一年以365天计。显然，事件A发生的概率

$$P(A) = \frac{25}{365}$$

② 选中了11月，共30天。因此，下雪事件A发生的概率为

$$P(A|B) = \frac{3}{30}$$

式中符号$P(A|B)$代表在11月（即事件B）这个条件下选定的一天下雪（即事件A）的概率，称为条件概率。

③ 同解②，12月共31天，由此知

$$P(A|C) = \frac{7}{31}$$

④ 同上述解法，第一季度共90天，由此知

$$P(A|D) = \frac{15}{90} = \frac{1}{6}$$

例5.20不难，属于典型的条件概率问题，解完之后，让我们进一步来探讨下述的一些关联。

（1）$P(A)$同$P(A|B)$

为直观起见，作文氏图5-5，图上区域A表示全年的下雪天，B表示11月，全图Ω表示全年的12个月。图上的阴影部分表示A和B的交集，记作$A\bigcap B$或AB。

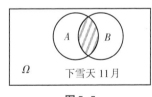

图5-5

① $P(A)$，在全年中选中下雪天的概率，为$\frac{25}{365}$；

② $P(B)$，选中11月的概率，为$\frac{1}{12}$；

③ $P(AB)$，既是下雪天又是11月，即事件A和事件B同时发生的概率，为$\frac{3}{365}$；

④ $P(A|B)$，在11月选中下雪天，即事件 B 已经发生的条件下事件 A 发生的概率，为 $\frac{3}{30}$，称为条件概率。

不言而喻，上列4个概率相互依存，关联密切。例如

$$P(AB) = P(A|B)P(B), \quad \frac{3}{365} = \frac{3}{30} \times \frac{1}{12} \tag{5-6}$$

式（5-6）左边的含义为：下雪天和11月两件事同时发生的概率；右边为，已经选定11月，在此月中出现下雪天这件事的概率。显然，两者的含义完全一致，所以概率完全一样。数值略有差异，源于每年天数365，取 $P(B) = \frac{30}{365}$ 就对了。

同理可知

$$P(AC) = P(A|C)P(C), \quad \frac{7}{365} = \frac{7}{31} \times \frac{31}{365} \tag{5-7}$$

$$P(AD) = P(A|D)P(D), \quad \frac{15}{365} = \frac{15}{90} \times \frac{90}{365} \tag{5-8}$$

敬希读者对式（5-6）、式（5-7）、式（5-8）静思深悟，了然于胸。特别是，等式（5-6）还可借助图5-5进行形象思维，其左右两式所表示的都是图上阴影部分，即下雪天在全年中出现的概率。

（2）$P(A)$ 同相关概率

在例5.20中出现了3个条件概率 $P(A|B)$, $P(A|C)$ 和 $P(A|D)$，全与下雪天的概率有关，还有1个下雪天的概率 $P(A)$，难道这四者没有关联？似乎不对。先把它们排列出来再说：

$$P(A) = \frac{25}{365}, \quad P(A|B)P(B) = \frac{3}{365}, \quad P(A|C)P(C) = \frac{7}{365}, \quad P(A|D)P(D) = \frac{15}{365}$$

然后仔细一看，不禁恍然大悟，居然存在

$$P(A) = P(A|B)P(B) + P(A|C)P(C) + P(A|D)P(D)$$
$$= \frac{3}{365} + \frac{7}{365} + \frac{15}{365} = \frac{25}{365} \tag{5-9}$$

式（5-9）的实际含义清楚，理论价值重要，称为全概率公式，稍后还将着重复议，现时为协助大家加强记忆，特绘图5-6如下。

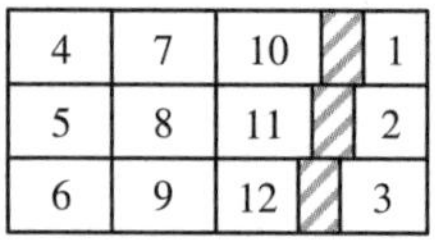

4	7	10	1
5	8	11	2
6	9	12	3

图5-6

图上的数字代表一年的月份，阴影部分代表全年的下雪天，分布在11

月、12月和第一季度，其实际意义是：全年的下雪天数等于各月下雪天数的总和，这是显而易知的。其概率意义是：一年内某天下雪这件事的概率 $P(A)$ 等于，11月被选中了和下雪天这两件事先后都发生了的概率 $P(A|B)$，12月被选中了和下雪天这两件事先后都发生了的概率 $P(A|C)$，第一季度被选中了和下雪天这两件事先后都发生了的概率 $P(A|D)$ 三者之和，即前述的等式（5-9）。

看到这里，读者已完全能够讲清楚条件概率 $P(B|A)$，$P(C|A)$ 和 $P(D|A)$ 的实际意义，并计算它们的取值。这对理解下述定义十分有利。

定义 5.3　设在样本空间 Ω 内含有两个事件 A 和 B，则事件 B 发生时事件 A 发生的概率称为条件概率，记作 $P(A|B)$。

不难证实，条件概率 $P(A|B)$ 与概率 $P(B)$ 和 $P(AB)$ 之间存在如下的关系：

$$P(A|B) = \frac{P(AB)}{P(B)} \tag{5-10}$$

证实从略。读者可计算条件概率 $P(B|A)$ 予以验证，并根据图5-5解说其实际的含义。

5.6.1　全概率公式

一年分为4季，春夏秋冬，简记为 A_1，A_2，A_3，A_4，并统一认为每季都是90天（计算方便且宜于理解，并不失一般性）。

已知某地在春季有60个晴天，夏季75个晴天，秋季70个晴天，冬季65个晴天。全年合计270个晴天，显然

$$270 = 60 + 75 + 70 + 65 \tag{5-11}$$

另一方面，在全年或春、夏、秋、冬任选一天恰好为晴天这些事件的概率，若分别记为 $P(B)$，$P(B|A_1)$，…，$P(B|A_4)$，则易知

$$P(B) = \frac{270}{360}, \ P(B|A_1) = \frac{60}{90}, \ P(B|A_2) = \frac{75}{90}$$

$$P(B|A_3) = \frac{70}{90}, \ P(B|A_4) = \frac{65}{90}$$

仔细一看，马上发现有点问题，上列5个概率其中第一个 $P(B)$ 并不像式（5-11）那样，等于后面4个概率之和。原因何在？请阅读下述分析的结论。

第一个概率 $P(B)$ 是无条件的，后4个概率都是有条件的，或春或秋，非冬则夏，属于条件概率。试设想，一年中任选1天是晴天的概率 $P(B)$ 同任选一天是晴天又是春天的含义能混为一谈吗？前者只发生了1件事，晴天，后者共发生2件事，春天和晴天。因此，后者 $P(B|A_1)$ 若乘以一年中任选一天是春

天的概率 $P(A_1) = \dfrac{90}{360}$，则得

$$P(B|A_1)P(A_1) = \frac{60}{90} \times \frac{90}{360} = \frac{60}{360} = P(BA_1)$$

上式中共出现了 3 个概率：$P(B|A_1)$，$P(A_1)$ 和 $P(BA_1)$。其各自的含义，作者不再啰唆，烦请审视图 5-7，借此用自己的话说出它们实际代表什么，做到能让他人听懂为止。

图 5-7

以上的分析经梳理之后，可再次得出如下的公式

$$P(B) = P(B|A_1)P(A_1) + P(B|A_2)P(A_2) + P(B|A_3)P(A_3) + P(B|A_4)P(A_4)$$

$$(5-12)$$

上式同式（5-9），除符号略异外，两者的实际含义完全一样，统称为全概率公式。

全概率的概念才开始接触，有必要复述一次。上式的意义从直观上说，如图 5-7 所示，就是：全年出现晴天的概率 $P(B)$ 等于春夏秋冬出现晴天的概率 $P(BA_i)P(A_i)$ $(i = 1, 2, 3, 4)$ 之总和，即

$$\frac{270}{360} = \frac{60}{90} \times \frac{90}{360} + \frac{75}{90} \times \frac{90}{360} + \frac{70}{90} \times \frac{90}{360} + \frac{65}{90} \times \frac{90}{360} \qquad (5-13)$$

以上仅是对全概率公式的说明，下面据理予以总结。

定义 5.4 设随机试验的样本空间为 Ω，$A_1, A_2, \cdots, A_n$ 是其中的一系列事件。若成立

① $A_i A_j = \varnothing$ $(i \neq j;\ i, j = 1, 2, \cdots, n)$；

② $\bigcup\limits_{i=1}^{n} A_i = \Omega$。

则称 $A_1, A_2, \cdots, A_n$ 为样本空间 Ω 的一个划分，或一个完备事件组。

例 5.21 在上例中，若将全年视作样本空间 Ω，则春夏秋冬 A_1, A_2, A_3, A_4 就是一个划分或完备事件组。

定理 5.1 设随机试验的样本空间为 Ω，$A_1, A_2, \cdots, A_n$ 是其一个划分，B 是其一个事件，则下式

$$P(B) = \sum_{i=1}^{n} P(B|A_i)P(A_i) \qquad (5-14)$$

称为全概率公式。

定理 5.1 的证明不难，读者可以一试牛刀，并用下例证实。

例 5.22 某地共有 3 家工厂 A_1，A_2 和 A_3 生产高精尖产品。其中 A_1 厂生产了 120 件，40 件为优等；A_2 厂生产了 100 件，25 件为优等；A_3 厂生产了 80 件，

16件为优等。现在抽样检查记抽出优等品事件为 B，试求从上述 3 家工厂所生产的全部产品中任抽 1 件，为优等品的概率 $P(B)$ 以及概率 $P(B|A_1)$，$P(B|A_2)$ 和 $P(B|A_3)$，并据此验证全概率公式。为明确起见，A_1，A_2，A_3 分别表示抽出的产品来自 A_1，A_2，A_3 3 家工厂。

附带希望，计算概率 $P(A_1|B)$，$P(A_2|B)$ 和 $P(A_3|B)$，并说明它们的实际意义。这对理解即将介绍的重要公式——贝叶斯公式——大有益处。

5.6.2 贝叶斯公式

实话实说，当年学贝叶斯公式时，云里雾里；教贝叶斯公式时，照猫画虎；现在写贝叶斯公式时，真不知从何说起。只好沿用老办法，数学问题工程化，从实例开头。

让我们大家一同再来重温前面讲的，一年在春夏秋冬有 270 个晴天的例子。那时分别用 B，A_1，…，A_4 代表晴天和春、夏、秋、冬。此外，笔者曾在《高数笔谈》（东北大学出版社，2016 年）中写过：一个等式实际上是同一客观现实的两种相异的数学表述。此话的现实意义请看下面如何解说。

请想想，"既是春天，又是晴天" 和 "既是晴天，又是春天" 乃同一客观现实，用数学描述出来便成为等式

$$P(A_1B) = P(BA_1) \tag{5-15}$$

式（5-15）表示："春天和晴天同时出现" 的概率 $P(A_1B)$ 等同于 "晴天和春天同时出现" 的概率 $P(BA_1)$。这并非废话，再往下看，由条件概率公式（5-10）可知

$$P(A_1B) = P(A_1|B)P(B) \tag{5-16}$$

写到此处，本书为读者用具体数字将上式核实一下，等式两端分别为

$$\frac{60}{360} = \frac{60}{270} \times \frac{270}{360} = \frac{60}{360} \tag{5-17}$$

式（5-17）有 3 个分数，分别表示 3 个概率 $P(A_1B)$，$P(A_1|B)$ 和 $P(B)$。对其含义本书不再复述，读者必然已经理解，进而可以复习全概率公式（5-12）

$$P(B) = P(B|A_1)P(A_1) + P(B|A_2)P(A_2) +$$
$$P(B|A_3)P(A_3) + P(B|A_4)P(A_4)$$

及其实际数字［参见式（5-13）］表示

$$\frac{270}{360} = \frac{60}{90} \times \frac{90}{360} + \frac{75}{90} \times \frac{90}{360} + \frac{70}{90} \times \frac{90}{360} + \frac{65}{90} \times \frac{90}{360}$$

有了以上准备，并借助条件概率公式

$$P(BA_1) = P(B|A_1)P(A_1)$$

从等式（5-16）则得

$$P(A_1|B) = \frac{P(A_1B)}{P(B)} = \frac{P(BA_1)}{P(B)} = \frac{P(A_1)P(B|A_1)}{P(B)}$$

显然，把上式中的 A_1 换成 A_2，A_3，A_4 照样成立。

将上述讨论总结之后，形成了如下的定理。

定理 5.2 设 Ω 为随机试验的样本空间，A_1，A_2，$\cdots$，A_n 为其一个划分，B 为其一个事件，则

$$P(A_i|B) = \frac{P(A_i)P(B|A_i)}{\sum_{i=1}^{n} P(A_i)P(B|A_i)} \tag{5-18}$$

式（5-18）称为贝叶斯公式。

贝叶斯公式初看比较抽象，为使之具体化，现在借用例5.23的给定条件将其数字化如下：

$$\frac{40}{40+25+16} = \frac{\dfrac{120}{300} \times \dfrac{40}{120}}{\dfrac{120}{300} \times \dfrac{40}{120} + \dfrac{100}{300} \times \dfrac{25}{100} + \dfrac{80}{300} \times \dfrac{16}{80}} = \frac{40}{40+25+16}$$

在此式中，$A_i = A_1$。建议读者另取其他的 A_i，自行检查一次。

有个同学，想着法记住贝叶斯公式，通过自身经历，加工成一个故事：夫妻二人育有一儿一女，旅游归来，适逢星期日，见桌上放了许多食品，欣喜之余，父亲说道："一定是女儿送来的。"妈妈说道："一定是儿子送来的。"正当两人相持不下之际，来了客人甲和乙，甲问明情况后，说道："多半是女儿送的。"何须多半？巧在客人乙学过概率论，立刻准确地回答了这个让人犯难的问题。

客人乙心知肚明，获悉近期内儿女共向父母各献过100次礼品，其中食品为20次，儿子8次，女儿12次。简记儿子和女儿为 A_1 和 A_2，食品为 B，客人乙便用贝叶斯公式算出此次食品是儿子所送的概率

$$P(A_1|B) = \frac{P(A_1)P(B|A_1)}{P(A_1)P(B|A_1) + P(A_2)P(B|A_2)}$$

即

$$\frac{8}{12+8} = \frac{\dfrac{100}{200} \times \dfrac{8}{100}}{\dfrac{100}{200} \times \dfrac{8}{100} + \dfrac{100}{200} \times \dfrac{12}{100}} = \frac{8}{12+8} = \frac{2}{5}$$

是女儿所送的概率自然是

$$P(A_2|B) = 1 - P(A_1|B) = 1 - \frac{2}{5} = \frac{3}{5}$$

听完客人乙的精准计算后，众人折服，乙更欣然。不料，主人的邻居丙亦深谙数学，恰好路过，闻言后不觉自语道：式中的 A_1 和 A_2 所表示的应为各自所送的礼品，计算其概率也不必多此一举，它们分别是

$$P(A_1|B) = \frac{8}{12+8} = \frac{2}{5}, \ P(A_2|B) = \frac{12}{12+8} = \frac{3}{5}$$

可见，解决实际问题宜视具体情况灵活处置，不必拘于格式。此外，从上述各例易知，贝叶斯公式往往用于以果求因，如食品已经送来，反过来问究竟是儿子还是女儿，而全概率公式却多是由因寻果。

5.6.3　独立性

北京是晴天，沈阳在开运动会；中国得了乒乓球世界冠军，我国的量子通信独步全球。显然可知，上列事件是互不影响的，或说独立的。

定义5.5　若事件 A 和 B 同时发生的概率

$$P(AB) = P(A)P(B)$$

则称事件 A 与 B 相互独立。

定义的含义非常清楚，因为

$$P(AB) = P(A|B)P(B) = P(B|A)P(A)$$

事件 A 和 B 相互独立就意味着

$$P(A|B) = P(A), \ P(B|A) = P(B)$$

事件 A 或 B 发生的概率与事件 B 或 A 是否发生没有关联。

例5.23　两人独立地射击同一目标，A 射中的概率为0.95，B 为0.9，试求目标被击中的概率。

解1　"目标被击中"事件为"被 A 击中"、"被 B 击中"和"被 A 和 B 同时击中"3个事件之和。因此，所求的概率为

$$\begin{aligned}
P(A \bigcup B) &= P(A) + P(B) - P(AB) \\
&= P(A) + P(B) - P(A)P(B) \\
&= 0.95 + 0.9 - 0.95 \times 0.9 \\
&= 0.995
\end{aligned}$$

解2　记"目标未被 A 击中"事件为 $\bar{A}$，则

$$\begin{aligned}
P(A \bigcup B) &= P(A) + P(B|\bar{A}) \\
&= 0.95 + (1 - 0.95) \times 0.9 \\
&= 0.995
\end{aligned}$$

同理，若记"目标未被B击中"事件为$\bar{B}$，则

$$P(A \cup B) = P(B) + P(A|\bar{B})$$
$$= 0.9 + (1 - 0.9) \times 0.95$$
$$= 0.995$$

两种解法答案完全相同，选用哪一种与个人思维取向有关，并无好坏之分。

事件的独立性可以推广，而判断事件的独立性，数学往往难以胜任，得视客观问题的具体意义予以酌定。

5.7 习题

1. 利用文氏图，判定下列等式哪些成立，哪些不成立：

（1）$\overline{(\bar{X} \cup Y)} = X \cap \bar{Y}$；

（2）$\bar{X} \cup \bar{Y} = \overline{(X \cup Y)}$；

（3）$(X \cup Y) \cap Z = (X \cup Z) \cap Y$；

（4）$X \cup \overline{(Y \cup \bar{Z})} = (X \cup \bar{Y}) \cap \bar{Z}$；

（5）$X \cup \overline{(Y \cap \bar{Z})} = (X \cup \bar{Y}) \cup \bar{Z}$。

2. 将3枚正常的硬币抛掷地上，能猜中其结果有几枚正面向上者获奖。甲乙两人，甲在四个纸团上分别写下0，1，2，3，并从中随机选了一个纸团，送上请奖；乙找到同样的硬币3枚，抛掷地上，看到有几枚正面向上后，呈报请奖。试问

（1）谁得奖的概率更大？

（2）根据是什么？

3. 同题2，但硬币已增至4枚。如上所述，已存在甲和乙的两种猜奖方法。今出一高人，私语丙，告诉他（她）一个最有可能得奖的数字，以其报奖。试问

（1）该数字是哪个？

（2）最有可能得奖的理由安在？

（3）总结一下，用来解决某些生活实际问题。

4. 甲乙两人各掷一颗骰子，如果甲掷出的点数大于乙的，则甲胜，否则乙胜。试求两者各自胜负的概率。

5. 有3个人，4个房间，每个人可以随机地进入其中任一房间，且进入人数不限。试求

（1）指定的3个房间各有1人进入的概率；

（2）恰好有3个房间各有一人的概率。

6. 班上有30名同学，每人在一年的365天中过生日的可能性是均等的，试求

（1）该班没有共同生日的概率；

（2）有共同生日的概率。

7. 有10本书，其中有一本《论语》，一本《诗经》。从中任取3本，试求

（1）既无《论语》又无《诗经》的概率；

（2）有其中一本的概率。

8. 两人的棋技难分伯仲，相约决战5局，试求各人获胜的概率。

（1）通过计算；

（2）直观判断。

9. 甲乙二人的球技旗鼓相当，进行乒乓球比赛，5局3胜。甲先负2局，试求其反败为胜获得冠军的概率。

（1）直观判断；

（2）通过计算。

10. 甲乙两校，甲有学生500名，优等生50名；乙有学生600名，优等生80名。随机从1100名学生中任选一名，求概率

（1）是甲校的，记作 $P(A)$；

（2）是乙校的，记作 $P(B)$；

（3）是优等生，记作 $P(C)$；

（4）$P(C|A)$；

（5）$P(C|B)$。

11. 一人买了两件文物，已知其中一件是真品，设买到真品或赝品是等可能的，试问两件全为真品的概率。

12. 同题11，事后得知此人买的头一件就是真的，试求两件全是真品的概率。提示：请仔细思量同上题在实际意义上的差异。

13. 在10天中有4天雨天。甲、乙和丙各自在10天内的某天去参加会议。试求

（1）甲遇到雨天的概率 $P(A)$；

（2）甲和乙都遇到雨天的概率 $P(AB)$；

（3）三人都遇到雨天的概率 $P(ABC)$；

（4）甲未遇到而乙遇到雨天的概率 $P(\bar{A}B)$；

（5）乙未遇到而丙遇到雨天的概率 $P(\bar{B}C)$；

（6）都未遇到雨天的概率 $P(\bar{A}\bar{B}\bar{C})$。

14. 有4件产品，3件优等品，1件一等品。进行抽样检查，A 取了一件，然后 B 从余下3件中取了一件。试用或不用条件概率求

（1）A 取得优等品的概率 $P(A)$；

（2）在 A 取得优等品的条件下，B 也取得优等品的概率 $P(B|A)$。

15. 某厂所用的元件由三家制造厂供应，具体数据如下：

制造厂	次品率	供应份额
1	0.02	0.15
2	0.01	0.80
3	0.03	0.05

所有元件进厂之后，混合存放，并无区分标示，试求

（1）任取一只元件，不巧是次品的概率 $P(A)$；

（2）已知取出的元件是次品，来自各不同制造厂的概率 $P(B_i A)$（$i = 1, 2, 3$）。

16. 有5本书，其中3本是数学书，2本是文学书。甲从中随机拿走1本，乙又从余下的随机地拿了1本。试问乙拿走

（1）数学书的概率；

（2）文学书的概率。

得到答案，琢磨透道理，以后凭直观判断就能立马说出正确的结果。

17. 同题16，甲乙各拿走1本之后，丙又从余下的3本拿了1本。试问

（1）是数学书的概率；

（2）是文学书的概率。

5.8 随机变量

前述古典概率，主要在于探求样本空间内一些事件的概率。而今将进一步研究整个样本空间事件的概率及其规律性，随之引入随机变量及其相关的概念，推动着概率理论不断地向纵深发展。

5.8.1 定义

为了揭示随机现象的规律性，必须深入研究随机试验的结果，并将其数字

化，从而引入随机变量的概念。

例 5.24 抛掷硬币的试验已经耳熟能详，现在我们只关心连抛 3 次硬币正面朝上的总次数，而不问其出现的顺序。若以 H 和 T 分别表示硬币的正和反面，X 表示 3 次抛掷后 H 出现的次数，则对于样本空间 $\Omega = \{\omega\}$ 中的每一个样本点 ω，X 都有值与之相应，如下列所示：

样本点	HHH	HHT	HTH	THH	THT	HTT	TTH	TTT
X	3	2	2	2	1	1	1	0

由上可见，对于任何试验，总能引入一个变量 X，以其取值来刻画试验的结果，据此，出现了如下的定义。

定义 5.6 若设 Ω 为随机试验的样本空间，定义其上的实单值函数 $X = X(\omega)$，则称为随机变量，习惯用大写英文字母 X，Y，Z 等表示，取值用小写字母 x，y 和 z 等表示。

例如，在上例中的 X 就是个随机变量，因为出现硬币正面向上的次数是随机的，也是变化的。引入随机变量后，随机事件便可用数表示，如"出现正面的次数为 1"可用 $X = 1$ 表示，事件"次数不小于 1"可用 $X \geqslant 2$ 表示。

随机变量总与其概率相伴，如上例则有

$$P(X = 0) = \frac{1}{8}, \ P(X = 1) = \frac{3}{8}, \ P(X = 2) = \frac{3}{8}, \ P(X = 3) = \frac{1}{8}$$

5.8.2 离散型随机变量

随机变量 X 分为两类，离散型和连续型。若其取值是有限个或可列个，则 X 称为离散型随机变量；若其取值是连续的，则 X 称为连续型随机变量。

若随机变量 X 的所有可能取值为 x_i（$i = 1$，2，$\cdots$，n），则称

$$f(x_i) = P(X = x_i) = p_i \ (i = 1, \ 2, \ \cdots, \ n) \tag{5-19}$$

为其概率函数或分布律。易知，由概率的可加性，概率函数满足：

$$\left. \begin{array}{l} \displaystyle\sum_{i=1}^{n} f(x_i) = 1 \\[2mm] \displaystyle\sum_{x_i \leqslant x} f(x_i) = P(X \leqslant x) \end{array} \right\} \tag{5-20}$$

其中，最后的等式常称为随机变量 X 的分布函数。

以例 5.25 中的随机变量 X 而言，其概率函数 $f(x)$ 和分布函数 $F(x)$ 分别如图 5-8（a）（b）所示。

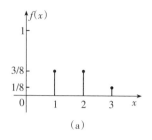

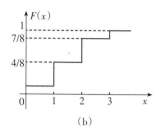

图 5-8

5.8.3 连续型随机变量

连续型随机变量 X，同离散型恰好相反，其取值是在某一区间 $[a, b]$ 甚至 $(-\infty, \infty)$ 上连续变化的，如下例所述。

例 5.25 某地有人口百万，进行身高普查，除个别特殊高度外，普查结果如图 5-9 所示。

试求平均身高、高于平均身高以及低于平均身高的人数。

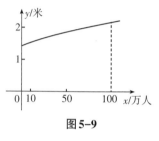

图 5-9

解 先将每个人的身高相加，求和后除以人数，得平均身高 $\bar{h} = 1.70$ 米，高于及低于平均身高 $\bar{h}$ 的人数分别为 $pl(h > \bar{h}) = 52$ 万人和 $pl(h < \bar{h}) = 48$ 万人。

上列结果众人看过之后，无不高兴。可是也有人在高兴之余，总嫌不足，进而探索，终于有了创新的见解，如下所述。

例 5.25 所言抽查身高就是个典型的连续型随机变量，因为身高在限度内可取任何值，连续变化，为创新的见解提供了广阔的平台。

为便于说明问题，现将身高普查图 5-9 予以改绘，如图 5-10 所示。其横坐标代表随机变量身高 X，纵坐标代表人口的概率密度函数 $f(x)$（从概念上讲，完全等同于物体质量的密度）。

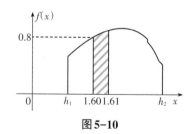

图 5-10

具体地说，如设 $f(x) = 0.8$，则图上阴影面积 $A = 0.8(1.61 - 1.60) = 0.008$，表示身高在 1.60 米到 1.61 米之间的人数占总人数的 $\dfrac{0.8}{100}$。这意味着，总人口为 100 万时，身高在 1.60 至 1.61 米的人其数为 8000。

必须强调并请思考，上面提到的百分比数 $\dfrac{0.8}{100}$ 是实际含义，其数学意义是：出现身高在1.60米至1.61米之间这一事件的概率为 $\dfrac{0.8}{100}$。联系比例的数据一想，100万人中其身高在区间 $[1.60, 1.61]$ 米者共为8000，就会形成具体的概念。

以上解说显然适用于一般情况。比如，同理可知：

① $P(x < X \leqslant x + \mathrm{d}x) = f(x)\mathrm{d}x$ (5-21)

代表随机变量 X 位于区间 $x < X \leqslant x + \mathrm{d}x$ 的概率；

② $P(x_1 < X \leqslant x_2) = \displaystyle\int_{x_1}^{x_2} f(x)\mathrm{d}x$ (5-22)

代表随机变量位于区间 $x_1 < X \leqslant x_2$ 的概率；当 x_1 等于 X 取值的下限时，上式右端常简记为 $P(X \leqslant x_2)$；

③ $\displaystyle\int_a^b f(x)\mathrm{d}x = 1$，式中 a 和 b 分别为 X 取值的下限和上限。

此外，细看图5-10和等式（5-21），再联想起定积分的求和过程，不难推定：若记

$$F(x) = P(X \leqslant x) = \int_a^x f(x)\mathrm{d}x \qquad (5-23)$$

则有

① $f(x) = \dfrac{\mathrm{d}F(x)}{\mathrm{d}x}$ (5-24)

② $P(x_1 < X \leqslant x_2) = \displaystyle\int_{x_1}^{x_2} f(x)\mathrm{d}x = F(x_2) - F(x_1)$ (5-25)

式（5-23）中的函数 $F(x)$ 称为随机变量 X 的分布函数，从式（5-24）可见，它也是概率密度 $f(x)$ 的原函数，从而牛顿-莱布尼茨公式（5-25）自然成立。为强调其实际意思，现将例5.26续写如下。

例5.26 一内地城市借改革开放春风，迅猛发展，人口从 a 年的100万到 b 年已经翻倍，增至200万人。将在时间段 $a < x \leqslant b$ 内任一时刻的人口总数记为 $F(x)$，单位时间（概念性的，可以是一小时或一天等）内的人口增量记为 $f(x)$。试回答：两个函数 $F(x)$ 同 $f(x)$ 有无关系，存在什么样的关系？

解 从给定条件可知，函数 $F(x)$ 在时刻 x 经小段时间 Δx 后，其增量为

$$\Delta F(x_0) = F(x + \Delta x) - F(x_0)$$

变化率为

$$\lim_{\Delta x \to 0} \frac{\Delta F}{\Delta x} = \lim_{\Delta x \to 0} \frac{F(x + \Delta x) - F(x_0)}{\Delta x} = F'(x)$$

写到此处，请大家闭目思考片刻，函数 $F(x)$ 的变化率 $F'(x)$ 其实际意义就是每单位时间人口的增量，这正好同函数 $f(x)$ 完全一样！因此得

$$F'(x) = f(x)$$

例5.26虽然简单，但是直观，若能结合上述各式深入说明其概率的含义，必能永远不忘。

5.9 随机变量的数字特征

什么是数字特征？例如：知道了平均寿命，当地的健康水平就可大致认定；知道了平均亩产，当地的农业水平就可大致认定。至于随机变量，求其分布函数或概率密度常非易事。若存在某些特征数字，能对其基本性质进行描述，当然应该好自用之。

5.9.1 数学期望

数学期望也称平均值，是最常用又重要的一个特征数字。如何求？请先看一个例子。

例5.27 有5人，1人身高1.90米，2人1.80米，2人1.75米。试求这5人的平均身高。

解1 共有3个身高，记平均身高为h，因此

$$h = \frac{1}{3} \times (1.90 + 1.80 + 1.75)x = 1.817 \text{米}$$

解2 认为解1不合理，应改进为

$$h = \frac{1}{5} \times (1.90 + 2 \times 1.80 + 2 \times 1.75) = 1.8 \text{米}$$

不言而喻，解2是正确的。若记$x_1 = 1.90$，$x_2 = 1.80$，$x_3 = 1.75$，则从5人中"任选1人其身高为x_i"的概率分别为

$$p(x_1) = \frac{1}{5}, \quad p(x_2) = \frac{2}{5}, \quad p(x_3) = \frac{2}{5}$$

可见，此例的平均身高h还存在第三种解法。

解3 采用计算随机变量数学期望的方法，得平均身高

$$h = x_1 p(x_1) + x_2 p(x_2) + x_3 p(x_3)$$
$$= 1.90 \times \frac{1}{5} + 1.80 \times \frac{2}{5} + 1.75 \times \frac{2}{5} = 1.80 \text{米}$$

什么是数学期望？请看下文。

定义5.7 设X是个随机变量，若下列级数或积分绝对收敛：

$$\left.\begin{array}{l} \sum_{i=1}^{\infty} |x_i| p(x_i) < \infty, \quad 离散型 \\[2mm] \int_{-\infty}^{\infty} |x| f(x) \mathrm{d}x < \infty, \quad 连续型 \end{array}\right\} \tag{5-26}$$

则称表达式

$$E(x) = \begin{cases} \sum\limits_{i=1}^{\infty} x_i p(x), & \text{离散型} \\ \int_{-\infty}^{\infty} x f(x) \mathrm{d}x, & \text{连续型} \end{cases} \tag{5-27}$$

为 X 的数学期望。

例5.28 若随机变量 X 的概率分布为

$$P(X=i) = C_n^i p^i q^{n-i} \ (p+q=1; \ i=1, \ 2, \ \cdots, \ n) \tag{5-28}$$

则称 X 服从二项分布。试其数学期望。

解 根据定义，可知

$$\begin{aligned} E(x) &= \sum_{i=1}^{n} i C_n^i p^i q^{n-i} = \sum_{i=1}^{n} n C_{n-1}^{i-1} p^i q^{n-i} \\ &= \sum_{i=1}^{n} np C_{n-1}^{i-1} p^{i-1} q^{(n-1)-(i-1)} \\ &= \sum_{i=1}^{n} np(p+q)^{n-1} = np \end{aligned} \tag{5-29}$$

看到此结果后，希望能有读者提供更好的算法。

首先，二项分布如上式所示，其数学期望值 $E(X)=np$ 实属意料。此话怎讲？曾记得在做抛掷硬币的试验时，说过如以 a 表示硬币正面朝上，b 表示反面朝上，则 n 次二项式展开式

$$(a+b)^n = a^n + C_n^1 a b^{n-1} + \cdots + C_n^i a^i b^{n-i} + \cdots + b^n$$

中，当以 p 或 q 分别表示事件 a 或 b 出现的概率，$p(x_i)$ 表示 a 出现 i 次的概率时，把 a 和 b 分别代换为 p 和 q，其含 a^i 次方的一项

$$\left. C_n^i a^i b^{n-i} \right|_{\substack{a \to p \\ b \to q}} = C_n^i p^i q^{n-i}$$

便是硬币在 n 次抛掷后正面朝上 i 次的概率

$$p(x_i) = C_n^i p^i q^{n-i} \tag{5-30}$$

借助式（5-30），为具体起见，设硬币正常：$p=q=\dfrac{1}{2}$，并在此条件下探讨一些简单情况。

① $n=1$，$p(x_1) = \dfrac{1}{2}$；

② $n=2$，$p(x_0) = q^2 = \dfrac{1}{4}$，$p(x_1) = 2pq = \dfrac{1}{2}$，$p(x_2) = p^2 = \dfrac{1}{4}$。

据以上结果，不难算出

① $n=1$，$E(X) = 1 \times p(x_1) = \dfrac{1}{2} = 1 \times p$；

② $n=2$，$E(X) = 1 \times p(x_1) + 2 \times p(x_2) = \dfrac{1}{2} + \dfrac{1}{2} = 1 = 2p$。

同式（5-29）的结果式完全相符，这是自然的结论。因为，数学期望其实际意义就是平均值，抛掷两次硬币，1次正面向上，1次反面向上，这便是数学期望或平均值的真实含义。

其次，在推证等式（5-29）时，用到

$$iC_n^i = i\frac{n!}{i!(n-i)!} = \frac{n \cdot (n-1)!}{(i-1)!((n-1)-(i-1))!} = nC_{n-1}^{i-1}$$

希读者替笔者验算一次。

例5.29 若随机变量 X 的概率分布为

$$f(x) = \frac{1}{\sigma\sqrt{2\pi}}\exp\left(-\frac{1}{2}\left(\frac{x-\mu}{\sigma}\right)^2\right), \quad -\infty < x < \infty \tag{5-31}$$

则称 X 服从正态分布。试求其数学期望。

解 根据定义，可知

$$E(X) = \int_{-\infty}^{\infty} x\frac{1}{\sigma\sqrt{2\pi}}\exp\left(-\frac{1}{2}\left(\frac{x-\mu}{\sigma}\right)^2\right)dx$$

$$= \frac{\mu}{\sqrt{2\pi}}\int_{-\infty}^{\infty}\exp\left(-\frac{Z^2}{2}\right)dZ + \frac{\sigma}{\sqrt{2\pi}}\int_{-\infty}^{\infty}Z\exp\left(-\frac{Z^2}{2}\right)dZ$$

$$= \mu + 0 = \mu$$

其中，$Z = -\dfrac{x-\mu}{\sigma}$，第二个等式的后一个积分的积分变量为奇函数。

顺请注意，若正态分布式（5-31）中的 $\mu = 0$[①]，则不难看出，概率分布 $f(x)$ 的图形是相对于 $x = 0$ 的直线（即 y 轴）对称的，如图5-11（a）所示。一般情况下，$f(x)$ 的图形是相对于 $x = \mu$ 的直线对称的，如图5-11（b）所示，这就表明了 μ 为其数学期望的实际意义。

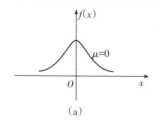
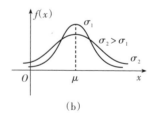

图5-11

5.9.2 方差

前面讲过的数学期望，是个重要的数字特征，描述随机变量的平均情况，能给人以获益不浅的印象，但难说精准。比如，两个同类事件，数学期望一

①见附录E。

样，却难分优劣，于是随机变量的方差由此出现。

例5.30 两人相约，进行射击比赛。靶心位于100米远外高30米的靶杆上。甲、乙连发两枪，甲全部中靶，乙一枪高于靶心1米，一枪低于1米。两个射击的高度其平均值完全相同，但孰优孰劣，不言而喻。

类似问题比比皆是，解决的思路自然倾向于：设法估算随机变量X其偏离数学期望或平均值的程度。为了避免绝对值或负数引起的麻烦，因而方差应运而生。

定义5.8 设X是个随机变量，记下式为$D(X)$：

$$D(X) = E(X - E(X))^2$$

若其存在，则称为X的方差，其平方根$\sqrt{D(X)}$称为X的标准差或均平差。

方差的计算可依其定义及数学期望$E(X) \triangleq \overline{X}$的性质予以简化，得

$$D(X) = E(X^2) - \overline{X}^2 \tag{5-32}$$

证明 根据方差$D(X)$的定义，有

$$D(X) = E(X - \overline{X})^2 = E(X^2 - 2X\overline{X} + \overline{X}^2)$$
$$= E(X^2) - 2E(X)\overline{X} + \overline{X}^2$$
$$= E(X^2) - 2\overline{X}\,\overline{X} + \overline{X}^2 = E(X^2) - \overline{X}^2$$

（1）方差的性质

当随机变量X的方差存在时，其所具有的一些常用性质如下。

① $D(X + C) = D(X)$，C为常数；

② $D(CX) = C^2 D(X)$，C为常数；

③ 若两随机变量X和Y相互独立，则其和或差的方差

$$D(X \pm Y) = D(X) \pm D(Y) \tag{5-33}$$

证明 头两条性质据方差的定义显而易见。下面只证明性质③。

设X和Y相互独立，则

$$E(XY) = E(X)E(Y)$$

因此

$$D(X + Y) = E((X + Y) - (\overline{X} + \overline{Y}))^2$$
$$= E((X - \overline{X}) + (Y - \overline{Y}))^2$$
$$= E((X - \overline{X})^2 + 2(X - \overline{X})(Y - \overline{Y}) + (Y - \overline{Y})^2)$$
$$= E(X - \overline{X})^2 + 2E(X - \overline{X})(Y - \overline{Y}) + E(Y - \overline{Y})^2$$
$$= D(X) + 2E(X - \overline{X}) \cdot E(Y - \overline{Y}) + D(Y)$$
$$= D(X) + D(Y)$$

同理可证
$$D(X - Y) = D(X) - D(Y)$$

补充一句，本书拟再添一条：若随机变量 X 其取值恒为常量时，则其方差
$$D(X - \overline{X})^2 = 0 \tag{5-34}$$

式（5-34）能否算作性质？其含义倒是异常清楚：随机变量 X 其取值越密集于平均值 $\overline{X}$ 附近，则方差越小，反之越大。

（2）方差的计算

由定义可知，方差其实质是随机变量 $(X - \overline{X})^2$ 的数学期望，根据后者的计算法，有

① 若离散型随机变量 X 的概率分布为
$$P(X = x_i) = p_i \ (i = 1,\ 2,\ \cdots) \tag{5-35}$$

则
$$D(X) = \sum_{i=1}^{\infty} p_i \left(x_i - \overline{X} \right)^2$$

② 若连续型随机变量 X 的概率分布为 $f(x)$，则
$$D(X) = \int_{-\infty}^{\infty} (x - \overline{X})^2 f(x) \mathrm{d}x \tag{5-36}$$

例5.31 设随机变量 X 服从二项分布（5-28），试求其方差。

解 首先，设 $n = 1$，此时
$$p(0) = q,\ p(1) = p,\ \overline{X} = p$$

从而
$$\begin{aligned}
D_1(X) &= E\left(x_i - \overline{X}\right)^2 = (0 - p)^2 q + (1 - p)^2 p \\
&= p^2 q + q^2 p = pq(p + q) = pq = p(1 - p)
\end{aligned} \tag{5-37}$$

其次，二项分布其每次试验都是相互独立的，如抛掷硬币，这样便可根据方差性质（5-33），算出 n 次试验的方差 $D_n(X)$ 为 1 次的 n 倍，即
$$D_n(X) = nD_1(X) = np(1 - p) \tag{5-38}$$

看到此结果后，请读者回忆一下例5.29，那时是求二项分布的数学期望，结果等于 np，曾征求有无更好的解法。

例5.32 设随机变量 X 服从正态分布（例5.29），试求其方差。

解 在例5.30已知 $E(X) = \mu$，由此根据方差的定义，有
$$D(X) = \int_{-\infty}^{\infty} (x - \mu)^2 f(x) \mathrm{d}x = \int_{-\infty}^{\infty} (x - \mu)^2 \frac{1}{\sqrt{2\pi}\,\sigma} \mathrm{e}^{-\frac{(x-\mu)^2}{\sigma^2}} \mathrm{d}x$$

作代换 $Z = \dfrac{x - \mu}{\sigma}$，$x = \sigma Z + \mu$，$\mathrm{d}x = \sigma \mathrm{d}Z$，又有

$$D(X) = \frac{\sigma^2}{\sqrt{2\pi}} \int_{-\infty}^{\infty} Z^2 e^{-\frac{Z^2}{2}} dZ = \frac{\sigma^2}{\sqrt{2\pi}} \left(-Ze^{-\frac{Z^2}{2}} + \int_{-\infty}^{\infty} e^{-\frac{Z^2}{2}} dZ \right)$$

$$= \frac{\sigma^2}{\sqrt{2\pi}} \left(0 + \sqrt{2\pi} \right) = \sigma^2$$

(5-39)

式（5-39）结果表明，正态分布

$$f(x) = \frac{1}{\sqrt{2\pi}\,\sigma} e^{-\frac{(x-\mu)^2}{\sigma^2}}$$

的方差 σ^2 大小决定着分布本身图形是陡峭抑或平坦。越小，则越陡峭，反映随机变量 X 的取值越密集于平均值 μ 周围；反之，则越平坦，如图5-11（b）所示，此乃源于 σ^2 越小，则式（5-39）中指数函数从峰值 $x=\mu$ 处下降越快，以至于曲线陡峭。由此可见，随机变量的数学期望与方差之所以为数字特征中重中之重。

5.10 大数定律

大数定律理论性较强，学习之前，宜于有点直观认识，看些具体例子。

有两组人，每组5人，各自的身高 h 如下表所示，其平均身高 $\overline{X}$ 都是1.80米，根据下表。

米

第一组：h	1.78	1.79	1.80	1.81	1.82
第二组：h	1.70	1.75	1.80	1.85	1.90

不难算出各组的方差 $D_1(X)$ 和 $D_2(X)$：

第一组为

$$D_1(X) = E(x_i - \overline{X})^2 p(x_i) = (1.78-1.80)^2 \times \frac{1}{5} + (1.79-1.80)^2 \times \frac{1}{5} + (1.80-1.80)^2 \times \frac{1}{5} +$$

$$(1.81-1.8)^2 \times \frac{1}{5} + (1.82-1.80)^2 \times \frac{1}{5} = 2 \times 10^{-4}$$

第二组为

$$D_2(X) = E(x_i - \overline{X}) p(x_i) = (1.70-1.80)^2 \times \frac{1}{5} + (1.75-1.80)^2 \times \frac{1}{5} +$$

$$(1.80-1.80)^2 \times \frac{1}{5} + (1.85-1.80)^2 \times \frac{1}{5} + (1.90-1.80)^2 \times \frac{1}{5} = 50 \times 10^{-4}$$

式中，x_i $(i=1, 2, \cdots, 5)$ 代表上列各人依次的身高。

请考虑一下，第二组的方差 $D_2(X)$ 比第一组的 $D_1(X)$ 整整大了24倍，是何含义？为弄清真相，特将两组人员的身高分布律绘制出来，如图5-12（a）

（b）所示，其上横坐标表示身高，纵坐标表示概率。显然可见，图5-12（b）

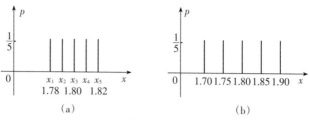

图5-12

中个人身高偏离平均身高1.80米的程度远大于图5-12（a）中个人身高偏离平均身高1.80米的程度，这就是方差的含义。

知晓了方差，再比较图（a）（b）就会发现：随机向量X偏离平均值$\overline{X}$某一定数ε的概率$P(|X-\overline{X}|\geq\varepsilon)$同两个数有关，猜猜看，是哪两个数？实说实话，现在我们一共除$\overline{X}$外只知道两个数$D(X)$和ε。此外，显然可见概率$P(X-\overline{X}\geq\varepsilon)$本身也是衡量$X$相对于$\overline{X}$的偏离程度的，与方差$D(X)$异曲同工，且相互成正比。为核实此一推断，从图5-12（a）直接可得

$$P(|X-1.80|\geq 0.03)=0,\quad P(|X-1.80|\geq 0.02)=\frac{4}{5}$$

从图5-12（b）可得

$$P(|X-1.80|\geq 0.04)=\frac{4}{5},\quad P(|X-1.80|\geq 0.06)=\frac{2}{5}$$

再有，从上列结果可知，所论概率同ε成反比。

综合所述，不妨猜想

$$P(|X-\overline{X}|\geq\varepsilon)\leq\frac{D(X)}{\varepsilon^2}$$

需要说明，上式的结论完全与直观相符，盼读者静思。本书引用实例，主要是为初学者铺平道路。实际上，证明也不难，请继续往下看。

5.10.1 切比雪夫不等式

定理5.3 设随机变量X的数学期望为$\overline{X}$，方差为$D(X)$，则对任意的正数ε，都成立如下的不等式

$$P(|X-\overline{X}|\geq\varepsilon)\leq\frac{D(X)}{\varepsilon^2} \tag{5-40}$$

式（5-40）称为切比雪夫不等式。

证明 设随机变量X为连续型，平均值记作$\overline{X}$，则按定理的给定条件，有

$$P(|X-\overline{X}|\geq\varepsilon)=\int_{|X-\overline{X}|\geq\varepsilon}f(x)\mathrm{d}x$$

由于 $|X-\overline{X}| \geqslant \varepsilon$，从上式可知

$$P\left(|X-\overline{X}| \geqslant \varepsilon\right) \leqslant \int_{|X-\overline{X}| \geqslant \varepsilon} \frac{(X-\overline{X})^2}{\varepsilon^2} f(x)\mathrm{d}x \leqslant \int_{-\infty}^{\infty} \frac{(X-\overline{X})^2}{\varepsilon^2} f(x)\mathrm{d}x$$

$$\leqslant \frac{1}{\varepsilon^2}\int_{-\infty}^{\infty}(X-\overline{X})^2 f(x)\mathrm{d}x = \frac{D(X)}{\varepsilon^2}$$

据此又得切比雪夫不等式的又一表达式

$$P\left(|X-\overline{X}| < \varepsilon\right) = 1 - P\left(|X-\overline{X}| \geqslant \varepsilon\right) = 1 - \frac{D(X)}{\varepsilon^2} \tag{5-41}$$

学习了上述不等式，眼见就是大数定律。为便于识其真面，让我们大家一齐动手，脱去它的层层包装。

例5.33 存在随机变量 X，其分布律为

X	3	2	1	0
P_i	$\dfrac{1}{8}$	$\dfrac{3}{8}$	$\dfrac{3}{8}$	$\dfrac{1}{8}$

平均值 $\overline{X}$ 为 $\dfrac{3}{2}$，试求概率

$$P\left(|X-\overline{X}| \leqslant \frac{1}{4}\right)$$

的值。

解 显然，为满足条件，X 的取值必须位于区间

$$\left[\overline{X} - \frac{1}{4}, \overline{X} + \frac{1}{4}\right] = \left[\frac{5}{4}, \frac{7}{4}\right]$$

之上，但查遍分布律，无一满足条件。因此，答案是

$$P\left(|X-\overline{X}|\right) \leqslant \frac{1}{4} = 0 \tag{5-42}$$

例5.34 设有3个独立的随机变量 X_1，X_2，X_3。其分布律都如下表所示：

X	1	0
P_i	$\dfrac{1}{2}$	$\dfrac{1}{2}$

其平均值 X_i（$i = 1$，2，3）都等于 $\dfrac{1}{2}$。试求概率

$$P\left(\left|\frac{1}{3}\sum_{i=1}^{3}X_i - \frac{1}{3}\sum_{i=1}^{3}\overline{X}_i\right| \leqslant \frac{1}{4}\right)$$

的值。

解 所论3个随机变量其分布律完全一样，原型都是：抛掷硬币正面朝上取值为1，反面取值为零的随机事件。显然，它们相互独立，因此 $\sum_{i=1}^{3}X_i$ 和

$\frac{1}{3}\sum\limits_{i=1}^{3}X_i$ 的分布律为

$\sum\limits_{i=1}^{3}X_i$	3	2	1	0
$\frac{1}{3}\sum\limits_{i=1}^{3}X_i$	1	$\frac{2}{3}$	$\frac{1}{3}$	0
P_i	$\frac{1}{8}$	$\frac{3}{8}$	$\frac{3}{8}$	$\frac{1}{8}$

从分布律可知

$$\frac{1}{3}\sum\overline{X}_i = \frac{1}{8}\times 1 + \frac{3}{8}\times\frac{2}{3} + \frac{3}{8}\times\frac{1}{3} + \frac{1}{8}\times 0 = \frac{4}{8} = \frac{1}{2}$$

此外，为满足条件，X 的取值必须位于区间

$$\left[\frac{1}{3}\sum_{i=1}^{3}\overline{X}_i - \frac{1}{4}, \frac{1}{3}\sum_{i=1}^{3}\overline{X}_i + \frac{1}{4}\right] = \left[\frac{1}{4}, \frac{3}{4}\right]$$

之上，细看分布律，喜见随机变量之和有两项取值为 $\frac{2}{3}$ 和 $\frac{1}{3}$ 时符合要求，其概率分别为 $\frac{3}{8}$ 和 $\frac{3}{8}$，据此得

$$P\left(\left|\frac{1}{3}\sum_{i=1}^{3}X_i - \frac{1}{3}\sum_{i=1}^{3}\overline{X}_i\right| \le \frac{1}{4}\right) = \frac{3}{8} + \frac{3}{8} = \frac{3}{4} \qquad (5\text{-}43)$$

以上两个答案（5-42）和（5-43），一个等于 0，一个等于 $\frac{3}{4}$，对比之后，不禁有话要说。

① 例 5.33 和例 5.34 的原型完全一样。区别在于：例 5.33 视 3 个随机变量之和为一个整体；例 5.34 视 3 个各自独立，取其和而平均之。千万注意，这是本质的区别！

② 区别的后果清晰可见，分布律表上取均值的随机变量第二行，比起未取均值的第一行，显然更密集于平均值周围。为具体起见，来看看两者各自的方差，$D_1(X)$ 和 $D_2(X)$：

$$D_1(X) = E(X-\overline{X})^2 = \frac{1}{8}\times\left(3-\frac{3}{2}\right)^2 + \frac{3}{8}\times\left(2-\frac{3}{2}\right)^2 + \frac{3}{8}\times\left(1-\frac{3}{2}\right)^2 + \frac{1}{8}\times\left(0-\frac{3}{2}\right)^2 = \frac{3}{4}$$

$$D_2(X) = E\left(\frac{1}{3}\sum_{i=1}^{3}X_i - \frac{1}{3}\sum_{i=1}^{3}\overline{X}_i\right)^2$$

$$= \frac{1}{8}\times\left(1-\frac{1}{2}\right)^2 + \frac{3}{8}\times\left(\frac{2}{3}-\frac{1}{2}\right)^2 + \frac{3}{8}\times\left(\frac{1}{3}-\frac{1}{2}\right)^2 + \frac{1}{8}\times\left(0-\frac{1}{2}\right)^2$$

$$= \frac{1}{12}$$

其实，从上面的计算过程极易看出

$$D_2(X) = \left(\frac{1}{3}\right)^2 E\left(\sum_{i=1}^{3} X_i - \sum_{i=1}^{3} \overline{X}_i\right)^2$$
$$= \frac{1}{9}E(X - \overline{X})^2 = \frac{1}{9}D_1(X)$$

上式含义深远，仅3个独立的随机变量取均值就能将方差减低至不取均值的$\left(\frac{1}{3}\right)^2$。试设想，将3个增至4，5个，再大胆地想，增至$n$个，让$n \to \infty$，那会是什么样的结果？大数定律由此诞生。

大数定律存在多种形式，好在其包装已经拆开，现在择其要者，分述如下。

定理5.4 设随机变量X_i相互独立，具有相同的数学期望$E(X_i) = p$和方差$D(X_i) = \sigma^2$ $(i = 1, 2, \cdots, n, \cdots)$，则

$$\lim_{n \to \infty} P\left(\left|\frac{1}{n}\sum_{i=1}^{\infty} X_i - p\right| < \varepsilon\right) = 1 \tag{5-44}$$

或

$$\lim_{n \to \infty} P\left(\left|\frac{1}{n}\sum_{i=1}^{\infty} X_i - p\right| \geq \varepsilon\right) = 0 \tag{5-45}$$

证明 因随机变量X_i相互独立，因此

$$D\left(\frac{1}{n}\sum_{i=1}^{n} X_i\right) = \frac{1}{n^2}\sum_{i=1}^{n} D(X_i) = \frac{n\sigma^2}{n^2}$$

再根据切比雪夫不等式及给定条件$E(X_i) = p$，对任意的正数ε，有

$$P\left(\left|\frac{1}{n}\sum_{i=1}^{n} X_i - p\right| < \varepsilon\right) \geq 1 - \frac{1}{\varepsilon^2}D\left(\frac{1}{n}\sum_{i=1}^{n} X_i\right)$$
$$\geq 1 - \frac{\sigma^2}{n\varepsilon^2}$$

对上式两边取极限，得

$$\lim_{n \to \infty} P\left(\left|\frac{1}{n}\sum_{i=1}^{n} X_i - p\right| < \varepsilon\right) = 1$$

以及

$$\lim_{n \to \infty} P\left(\left|\frac{1}{n}\sum_{i=1}^{n} X_i - p\right| \geq \varepsilon\right) = 0$$

从上述定理可知，像抛掷硬币正面向上取值为1，反面为0这样的随机变量X，因其

$$P(X=1)=p, \quad D(X)=p(1-p)$$

而完全满足定理5.4的条件，于是又有如下的大数定律。

定理5.5 在重复 n 次的独立试验中，设事件 S 出现的概率为 p，次数为 S_n，则

$$\lim_{n\to\infty} P\left(\left|\frac{S_n}{n}-p\right|<\varepsilon\right)=1$$

以及

$$\lim_{n\to\infty} P\left(\left|\frac{S_n}{n}-p\right|\geq\varepsilon\right)=0$$

上式又称为伯努利大数定律。

5.10.2　一些例证

大数定律形式多样，但本质不变。此事容以后再议，现在请再熟习一个例子。

例5.35 重复6次抛掷硬币的试验，设每次正面或反面朝上的概率都是 $\frac{1}{2}$，记相应的随机变量为 X_i（$i=1,2,\cdots,6$）。试写出随机变量 $\sum_{i=1}^{6}X_i$ 和 $\frac{1}{6}\sum_{i=1}^{6}X_i$ 的分布律及其方差。

解 这是典型的二项分布，其各自的分布律如下：

$\sum_{i=1}^{6}X_i$	6	5	4	3	2	1	0
p_i	$\frac{1}{64}$	$\frac{6}{64}$	$\frac{15}{64}$	$\frac{20}{64}$	$\frac{15}{64}$	$\frac{6}{64}$	$\frac{1}{64}$
$\frac{1}{6}\sum_{i=1}^{6}X_i$	1	$\frac{5}{6}$	$\frac{4}{6}$	$\frac{3}{6}$	$\frac{2}{6}$	$\frac{1}{6}$	0
p_i	$\frac{1}{64}$	$\frac{6}{64}$	$\frac{15}{64}$	$\frac{20}{64}$	$\frac{15}{64}$	$\frac{6}{64}$	$\frac{1}{64}$

一看上表，易知两随机变量的平均值分别是3和 $\frac{1}{2}$，据此不难算出其各自的方差为

$$D\left(\sum_{i=1}^{6}X_i\right)=E\left(\sum_{i=1}^{6}X_i-3\right)^2=\frac{1}{64}\times\left[(6-3)^2+6\times(5-3)^2+\right.$$

$$\left.15\times(4-3)^2+15\times(2-3)^2+6\times(1-3)^2+(0-3)^2\right]$$

$$=\frac{96}{64}=\frac{3}{2}$$

$$D\left(\frac{1}{6}\sum_{i=1}^{6}X_i\right)=\frac{1}{6^2}D\left(\sum_{i=1}^{6}X_i\right)=\frac{3}{72}$$

看完上列结果，不忍又要旧话重提，为书写方便，以下简记 $\sum_{i=1}^{6}X_i=X_A$，

$\frac{1}{6}\sum_{i=1}^{6}X_i=X_B$：

① 从分布律表上可见，X_A 偏离平均值 3 的程度远大于 X_B，最大为 $6-3=3$ 和 $|0-3|=3$，而 X_B 最大的仅为 $1-\frac{1}{2}=\frac{1}{2}$ 和 $\left|0-\frac{1}{2}\right|=\frac{1}{2}$。表现出来就是 X_B 的方差仅为 X_A 的 $\frac{1}{36}$。

② 再思量一下，例 5.35 仅有 6 个随机事件，取均值后，方差就降低为 $\frac{1}{6^2}$，若 6 个增至 10 个，100 个，乃至趋于无穷大，结果会怎样？取均值后的方差将降为 $\frac{1}{10^2}$，$\frac{1}{100^2}$，直至趋近于 0！这就是说，取均值后的随机变量将趋近于其平均值，数学化后便成了声名赫赫的大数定律。

③ 再有，另一个现象也应强调，当 n 增大时，极端事件即偏离平均值较大的事件，其出现的概率急速下滑。在此例中，出现 6 或 0 的概率为 $\frac{1}{2^6}$。若将 6 增为 20，则随机变量取值 20 的极端事件出现的概率为 $\frac{1}{2^{20}}\approx\frac{1}{1.049\times 10^6}$，已经是微小概率事件了。

大数定律之所以成立或有其他的解说，希望读者能提出自己的创见，因为它是概率论的重要理论，深刻揭示了大数量的随机现象具有均值稳定性，且存在完整的数学表述。

作为结束，引述一个试验。有人为证实大数定律，在家中放了两个钱罐，每天随机地往其中一个存放 1 元硬币，20 天后打开钱罐，发现一个有 12 元硬币，另一个 8 元。每个与均值 10 元之差都是 2 元；取均值除以 20 之后，每个与均值 0.5 元之差一下子降低到了 0.1 元。再者，他好奇地算了一算，要出现 20 个硬币全放入一个钱罐的概率是 $\frac{2}{2^{20}}$，少于 50 万分之一。这令他吃惊地意识到，要想出现如此极端的事件即使一次，也必须继续试验至少万年以上。自此以往，他（她）就对大数定律深信不疑，津津乐道，极富见地。

5.11 中心极限定理

随机变量好似一座单层楼房，当这些各式各样的单层楼房逐一叠加拔地而起、直达云霄的时候，有人从侧面看见了大数定律，即趋近于均值的稳定性；有人从另一侧面看见了中心极限定理，即趋近于统一规律的稳定性。

什么是统一规律？要回答这个问题，先得做点准备，看我们知道什么。

① 以前学习过二项式展开式

$$(a+b)^n = a^n + C_n^1 a^{n-1}b + \cdots + C_n^i a^{n-i}b^i + \cdots + b^n$$

特请大家注意，当 n 越来越大时，式中系数的变化趋势。为利于思考，现将 $n=6$ 时展示中的系数绘制成图 5-13，从图 5-13 所示并据大数定律，不难推知，当 n 趋大时，图形将越来越陡峭，如图 5-13（b）所示。

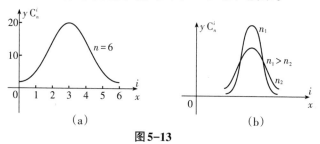

图 5-13

务请留心，以上所述其实际背景是，随机变量比如抛掷硬币正面朝上取 1 反面取 0 的叠加，从 $n=6$ 并逐渐增加的情况。

② 刚才讲了抛硬币，现在来谈掷骰子，连掷两次，其结果可表示为如下的展开式：

$$(1+2+3+4+5+6)^2 = 1^2 + 2^2 + 3^2 + 4^2 + 5^2 + 6^2 + 2 \times (1\times2 + 1\times3 + 1\times4 + 1\times5 + 1\times6 +$$
$$2\times3 + 2\times4 + 2\times5 + 2\times6 +$$
$$3\times4 + 3\times5 + 3\times6 + 4\times5 + 4\times6 + 5\times6)$$

将上式写出来，目的是想说明两点：若把 6 项式的方次变为任何整数 n，则其展示各项的系数依然可用组合 $C_{m_1 m_2 \cdots m_i}^n$ 表示，且此结论适用于无论多少项的展开式，如能做一个面数不受约束的骰子，则一般的离散型随机变量全可由抛掷骰子出现的点数及其取值的概率予以描述。

综上所述，并重视在学习组合时所做的例题，如例 5.11，可以断言：离散型独立随机变量之和其取值的概率主要取决于组合 C_n^m，式中 n 表示变量的个数，m 视具体情况而定。

③ 现在来谈射击，射中几环，其概率取决于射手的本事，是个离散型随机变量。试设想，把靶上的10环改变为100环，并一直缩小环间的间距，使之趋近于零，则与之相应的随机变量自然也由离散型趋近于连续型。

由此看来，任何随机变量，或者本身就是离散型，或者可视为离散型的极限形式，而离散型随机变量总可归之为因投掷硬币或骰子这类随机事件所致，其概率分布如前所述取决于组合 C_n^m。因此，要探求独立随机变量之和当其数量无限趋大时的概率分布，就得首先求出组合 C_n^m 当 n 无限趋大时的极限表示。

5.11.1　斯特林公式

组合 C_n^m 涉及阶乘 $n!$；在发明计算机之前，阶乘的计算当 n 较大时十分困难，直到1773年才出现了近似式

$$n! \approx \sqrt{2\pi n}\, n^n \mathrm{e}^{-n} \tag{5-46}$$

称为斯特林公式。此后，阶乘的计算大为简化，而我们要强调的是，公式中将阶乘 $n!$ 同指数函数 e^{-n} 关联，就朝中心极限定理迈出了一大步。可是，其证明困难，本书不拟引述，只能进行概念上的阐释。

回想在例5.36中曾列出一随机变量的分布律：

$\frac{1}{6}\sum_{i=1}^{6}X_i$	1	$\frac{5}{6}$	$\frac{4}{6}$	$\frac{3}{6}$	$\frac{2}{6}$	$\frac{1}{6}$	0
标准化	2.450	1.630	0.816	0	−0.816	−1.630	−2.450
p_i	$\frac{1}{64}$	$\frac{6}{64}$	$\frac{15}{64}$	$\frac{20}{64}$	$\frac{15}{64}$	$\frac{6}{64}$	$\frac{1}{64}$

其原型是6个具有二项分布 $p=q=\frac{1}{2}$ 的随机变量之和。中心极限定理证实，数量越大，二项分布 X_i 之和越趋近于正态分布。此分布经标准化后，即数学期望标准化为0，方差为1，其概率密度

$$f(x) = \frac{1}{\sqrt{2\pi}}\mathrm{e}^{-\frac{x^2}{2}} \quad (-\infty < x < \infty) \tag{5-47}$$

下面我们将把标准化后的随机向量 $\sum_{i=1}^{6}X_i$，简记为 X_6，见上面的分布律，同标准正态分布 $f(x)$ 式（5-47）两相对比，验视其近似程度，有如下表：

x	X_6	$f(x)$
0	$\dfrac{20}{64} \approx 0.313$	$\dfrac{1}{\sqrt{2\pi}} \approx 0.4$
0.816	$\dfrac{15}{64} \approx 0.234$	$\dfrac{1}{\sqrt{2\pi}} e^{-\frac{0.816^2}{2}} \approx 0.287$
1.630	$\dfrac{6}{64} \approx 0.0937$	$\dfrac{1}{\sqrt{2\pi}} e^{-\frac{1.63^2}{2}} \approx 0.107$
2.450	$\dfrac{1}{64} = 0.0156$	$\dfrac{1}{\sqrt{2\pi}} e^{-\frac{2.45^2}{2}} \approx 0.0199$

据上表制图5-14，从图5-14可见，实线代表正态分布 $f(x)$，虚线代表随机变量 X_6，两者形状相同，且比较贴近。这还是 $n=6$ 的情况！不难预知，当 $n \to \infty$ 时，会有重要的发现。

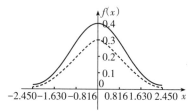

图5-14

5.11.2　棣莫弗-拉普拉斯定理

设随机变量 X_i（$i=1$，2，$\cdots$）服从二项分布，则其和 $\displaystyle\sum_{i=1}^{n} X_i$ 标准化后，当 n 趋于无穷时，收敛于标准正态分布，其概率密度

$$f(x) = \frac{1}{\sqrt{2\pi}} e^{-\frac{x^2}{2}} \quad (-\infty < x < \infty)$$

分布函数

$$F(x) = \frac{1}{\sqrt{2\pi}} \int_{-\infty}^{x} e^{-\frac{x^2}{2}} \mathrm{d}x$$

以上结论称为棣莫弗-拉普拉斯定理。

中心极限定理形式多样，不拟逐一引述。原因在于，其实质大同小异，对工科学生而言，其证明也生涩难明。此说是否正确，看完下文后，请读者自己评定。

中心极限定理之所以各立门户，源于各自处理不同型的随机变量。但是一般而论，可以认为，离散型的随机变量几乎均能由二项分布叠加而成。因此，二项分布随机变量之和有了如上所述的定理，其余自宜从轻看待。

中心极限定理揭示了随机变量之和其极限形式的分布规律：正态分布；大数定律揭示了其极限形式的取值规律：趋近均值。不难窥知，两者实为天生一对。分布与取值如影随形，互有彼此。

现在让大家放松一下，去数学百花园概率广场增长点见识，眼看广场中心放置一偌大的光洁圆盘，凡进场观众都免费领取一枚带有黏性的硬币，并邀请从各个方向朝圆盘中心将其投去，且盼日后再来欣赏自己的作品。

如有兴趣，不妨猜猜看，日后将会看到什么？有人说，是宝塔形；有人说，是圆锥形；中心极限定理说，投掷一次硬币就产生一个随机变量，大数量的随机变量其和的极限形式是正态分布，大家看到的是钟形，其沿中心的切面包线就是一条正态分布曲线，如图5-14所示。

5.12　习题

1. 已知随机变量 X 的分布律为

X	1	2	3
p	$\frac{1}{4}$	$\frac{1}{2}$	$\frac{1}{4}$

试求 X 的分布函数 $F(x)$。

2. 某厂生产的元件合格率为0.99，现从大批的元件中随机抽取5件，试求

（1）有4件合格品的概率；

（2）至少有4件合格品的概率。

3. 从1，2，3，4，5这5个数字中随机选取3个，以 X 表示其中的最大数字，试求 X 的分布律。

4. 设随机变量 X 在区间（0，10）内服从均匀分布，试求在其4次取值 x_i（$i=1$，2，3，4）中至少有3次其值大于5的概率。建议用两种方法求解，借助概率密度，再用二项分布验证。

5. 同题4，将其值大于5改成求其值大于6的概率。

6. 设随机变量 X 服从正态分布，其概率密度为

$$f(x) = \frac{1}{\sqrt{2\pi}\,\sigma}\mathrm{e}^{-\frac{(x-\mu)^2}{2\sigma^2}} \quad (-\infty < x < \infty)$$

标准化后为

$$f(x) = \frac{1}{\sqrt{2\pi}} e^{-\frac{x^2}{2}}$$

如图 5-14 所示，欲通过上式直接计算事件发生的概率，往往需要查表。试用工程方法，估算标准正态曲线图 5-14 在所论区间上的面积，求如下的概率

（1）$P(-1 < X \leqslant 1)$；

（2）$P(-1 < X \leqslant 2)$；

（3）$P(-3 < X \leqslant 3)$。

注：标准答案是（1）68.26%；（2）95.44；（3）99.74%。此结果习惯称为 3σ 准则，意即服从正态分布的随机变量 X 其取值几乎 99.75% 落在平均值周边的 3 方差之内。

7. 已知随机变量 X 的概率密度为

$$f(x) = \begin{cases} cx, & 0 \leqslant x < 1 \\ 0, & \text{其他} \end{cases}$$

试求：（1）常数 c；（2）$P(X \leqslant 0.5)$。

8. 据统计，在一定时间内，电压不超过 200 伏、在 200～240 伏之间、超过 240 伏这三种情况下，普通灯管的损坏率分别为 0.1，0.01 和 0.2。设电压服从正态分布，概率密度为

$$f(x) = \frac{1}{25\sqrt{2\pi}} e^{\frac{-(x-220)^2}{2.25^2}}$$

试求：

（1）灯管损坏的概率；

（2）灯管损坏时电压在 200～240 伏之间的概率。

9. 设随机变量 X 服从泊松分布，其取值的概率

$$P(X = k) = \frac{\lambda^k e^{-\lambda}}{k!} \quad (\lambda > 0; \; k = 0, \; 1, \; 2, \; \cdots)$$

试求其数学期望 $E(X)$，并证明

$$\sum_{k=0}^{\infty} P(X = k) = 1$$

10. 设离散型随机变量 X 的概率分布为

$$P(X = k) = kp^{k+1} \quad (k = 1, \; 2, \; \cdots)$$

试证明 $P = \dfrac{1}{2}$。

11. 设随机变量 X 服从泊松分布，见题 9，试求其方差。

12. 已知随机变量 X 的概率分布为

$$P(X=i)=\frac{1}{2^i} \quad (i=1,2,\cdots)$$

试求 $E(X)$ 和 $D(X)$。

13. 进行面试，共有5个学生参加，其中只有1名学生能答对全部考题。老师随机地从中选1名学生考问。将此视为随机事件，试求与之相应的随机变量 X 的数学期望与方差。面试的目的是挑选那名全会的学生。

14. 同题13，将5名学生改为2，3，4名。得出答案后，仔细归纳总结，务求得到一般性的结论。

15. 一人射中目标的概率为 p，连续射击，直至打中为止，问需要几粒子弹？这类问题便催生了上述的随机变量 X，其概率分布为

$$P(X=i)=pq^{i-1} \quad (q=1-p;\ i=1,2,\cdots)$$

即所谓的几何分布。

（1）试证明 $\sum\limits_{i=1}^{\infty}P(X=i)=1$；

（2）试求 $E(X)$；

（3）试求 $D(X)$。

16. 一人有5把钥匙，只有一把能打开大门，将开门的试开次数视作随机变量 X，试求 $E(X)$ 和 $D(X)$。

（1）把不能开门的钥匙试用后随即丢开；

（2）不丢开。

得出答案后请与题13比照。

17. 一电器设备同时收到20个噪声电压 V_i $(i=1,2,\cdots,20)$ 相互独立，且都在区间 $[0,10]$ 上均匀分布，试求

$$P\left(\sum_{i=1}^{20}V_i>105\right)$$

的近似值。

18. 试用自己的话复述中心极限定理，并举个实例，了解其具体的含义。

习题参考答案

1.3 习题

1. 略。

2. 略。

3. $2\sum\limits_{n=1}^{\infty}\dfrac{(-1)^{n+1}}{n}\sin nt$。

4. $\dfrac{\pi}{4}-\dfrac{1}{\pi}\sum\limits_{n=1}^{\infty}\dfrac{1-(-1)^n}{n^2}\cos nt+\sum\limits_{n=1}^{\infty}\dfrac{(-1)^{n+1}}{n}\sin nt$。

5. 略。

6. 提示：移动 π。

7. 略。

8. 略。

9. 提示：$f(t)+f(-t)$。

10. 略。

11. 略。

12. 略。

13. $a_n=\begin{cases}(-1)^{\frac{n-1}{2}}\dfrac{4}{n\pi}, & \text{当}n\text{为奇数时；}\\ 0, & \text{当}n\text{为偶数时。}\end{cases}$

14. 略。

15. 略。

2.10 习题

1. 略。

2. 略。

3. $F(\omega)=\dfrac{2}{1+\omega^2}$。

4. $I=\mathrm{e}^{-|t|}$。

5. 略。

6. $\dfrac{1}{n}\mathrm{e}^{\mathrm{i}\omega}F\left(\dfrac{\omega}{n}\right)$。

7. $\mathrm{i}F'(\omega)$。

8. $F(\omega)=\mathrm{e}^{-\mathrm{i}\omega t}$。

9. $F(\omega)=0$。

10. $F(\omega)=1$。

11. $F(\omega)=\dfrac{1}{(1+\mathrm{i}\omega)^2+1}$。

12. $F(\omega)=\dfrac{2}{(\lambda+\mathrm{i}\omega)^2+2^2}$。

13. 略。

14. （1） $\dfrac{1}{\lambda}F\left(\dfrac{\omega}{\lambda}\right)$；（2） $-F(\omega)-\omega F'(\omega)$；

   （3） $\mathrm{e}^{\mathrm{i}\omega}F(\omega)$；（4） $\mathrm{i}F'(\omega)-t_0 F(\omega)$；

   （5） $\mathrm{e}^{\mathrm{i}(\omega+\lambda)}F(\omega+\lambda)$。

15. 略。

3.7 习题

1. 略。

2. 略。

3. （1） $\dfrac{1}{s-\mathrm{i}\omega}$；（2） $\dfrac{\omega}{s^2+\omega^2}$；（3） $\dfrac{s}{s^2+\omega^2}$；

   （4） $\dfrac{\omega}{s^2+(2\omega)^2}$。

4. 见3题。

5. 同上。

6. $f(t)=\sin t$。

7. $f(t)=\sin t$。

8. $\mathscr{L}\left[f(t)\right]=\dfrac{2s}{\left(s^2+1\right)^2}$。

9. 略。

10. （1） $\dfrac{a}{(s-b)^2+a^2}$；（2） $\dfrac{s-b}{(s-b)^2+a^2}$；

   （3） $\dfrac{2s}{(s^2+1)^2}$；（4） $\dfrac{s^2-1}{(s^2+1)^2}$。

11. 略。

12. 略。

13. $\dfrac{\omega\coth\dfrac{\pi s}{2\omega}}{\left(s^2+\omega^2\right)}$。

14. （1） $\dfrac{1}{3}(e^{2t}-e^{-t})$; （2） $-\dfrac{2}{5}e^{-t}+\dfrac{2}{5}\cos 2t+\dfrac{4}{5}\sin 2t$;

  （3） $\dfrac{1}{5}\left(1-\cos\sqrt{5}t\right)$; （4）、（5）、（6）略。

15. 略。

16. 略。

17. 略。

4.3 习题

1. 3种。

2. （1） $5+3i$; （2） $-1-5i$; （3） $10+5i$; （4） $\dfrac{1}{5}(2+11i)$; （5） 4;

  （6） $3-4i$; （7） $5+i\left(\arctan\dfrac{14}{3}+2n\pi\right)$; （8） $\pm(2.52+0.59i)$。

3. （1）圆心 $(1,0)$, 半径3; （2） $2(x-1)=y$。

4. 略。

5. 略。

6. （1） $\pm 1,\ \pm i$; （2） $\dfrac{\sqrt{2}}{2}(1\pm i),\ \dfrac{\sqrt{2}}{2}(-1\pm i)$;

  （3）解（1）加i解（2）;

  （4） $\sqrt[10]{2}\left[\cos\dfrac{1}{5}\left(\dfrac{\pi}{4}+2n\pi\right)+i\sin\dfrac{1}{5}\left(\dfrac{\pi}{4}+2n\pi\right)\right]$ $(n=1,2,3,4)$; （5）略。

7. $1+11i$。

8. （1） $\dfrac{3}{5}\sqrt{5},\ \dfrac{3}{5},\ \dfrac{5}{6},\ \dfrac{3}{5}(1-2i),\ \arctan 2$;

  （2） $\dfrac{1}{2}\sqrt{10},\ -\dfrac{3}{2},\ -\dfrac{1}{2},\ \dfrac{1}{2}(-3+i),\ -\pi+\arctan\dfrac{1}{3}$;

  （3） $\sqrt{35},\ 2(1-\sqrt{3}),\ 4+\sqrt{3},\ 2(1-\sqrt{3})-(4+\sqrt{3})i,\ \pi-\arctan\dfrac{1}{4}(7+5\sqrt{3})$;

  （4） $\dfrac{5}{2}\sqrt{29},\ -\dfrac{7}{2},\ -13,\ -\dfrac{7}{2}+13i,\ -\pi+\arctan\dfrac{27}{8}$;

  （5） $\sqrt{10},\ 1,\ -3,\ 1+3i,\ \arctan(-3)$。

9. 略。

10. 略。

11. 利用 $e^{i3\theta} = \left(e^{i\theta}\right)^3$。

12. 略。

13. 略。

14. 略。

4.8 习题

1. （1）$2\pi i$；（2）πi；（3）πi。

2. 略。

3. （1）0；（2）2π；（3）$\dfrac{\pi i}{4}\left(8 - 13e^{-\frac{1}{2}}\right)$。

4. （1）$\dfrac{1}{2} + \dfrac{3}{4}z + \dfrac{7}{8}z^2 + \cdots$；（2）$\displaystyle\sum_{n=1}^{\infty} n(z-2)^{n-2}$；

（3）$\displaystyle\sum_{n=1}^{\infty} \dfrac{(-1)^{n-1}n}{(z-1)^n}$。

5. 0；$-\dfrac{1}{2}$；2，$\dfrac{1}{2}$。

6. $z^2 + z + \dfrac{1}{2!} + \dfrac{1}{3!}\dfrac{1}{z} + \cdots + \dfrac{1}{(n+2)!}\dfrac{1}{z^n} + \cdots$；$\dfrac{1}{3!}$。

7. （1）$\pm i$，1，二阶极点；（2）0，可去。

8. 略。

9. $\dfrac{\pi}{2}$，2。

10. $\dfrac{\pi}{4}$，$2\sqrt{2}$。

11. 先求 x 轴的映射。

12. $\omega = z^3$。

13. （1）以 $\omega_1 = -1$，$\omega_2 = -i$，$\omega_3 = i$ 为顶点的三角形；（2）$|\omega - i| \leqslant 1$。

14. 宜于用梯度场。

5.7 习题

1. （1）成立，（2）、（3）、（4）不成立，（5）成立。

2. （1）乙；（2）乙得奖的概率为 $\dfrac{5}{16}$，甲为 $\dfrac{1}{4}$。

3. （1）2；（2）得奖的概率为 $\dfrac{3}{8}$，大于前两者；（3）略。

4. $P(甲) = \dfrac{5}{12}$；$P(乙) = \dfrac{7}{12}$。

5.（1） $\frac{3}{32}$ 或 $\frac{1}{18}$ ，请读者酌定；

（2） $\frac{3}{8}$ 或 $\frac{2}{9}$ ，请读者酌定。

6. 略。

7.（1） $\frac{7}{15}$ ；（2） $\frac{7}{15}$ 。

8.（1） $P(甲)=P(乙)$ ；

（2） $P(甲)=\frac{1}{2^5}\times(1+5+10)$ ， $P(乙)=\frac{1}{2^5}\times(10+5+1)$ 。

9.（1）甲胜的概率小；（2） $P(甲)=\left(\frac{1}{2}\right)^3=\frac{1}{8}$ 。

10.（1） $P(A)=\frac{5}{11}$ ；（2） $P(B)=\frac{6}{11}$ ；（3） $P(C)=\frac{13}{110}$ ；

（4） $P(C|A)=\frac{1}{10}$ ；（5） $P(C|B)=\frac{2}{15}$ 。

11. $P(全真)=\frac{1}{2}$ 。

12. $P(全真)\geqslant\frac{1}{2}$ 。

13.（1） $P(A)=\frac{4}{10}$ ；（2） $P(AB)=\left(\frac{4}{10}\right)^2=\frac{4}{25}$ ；

（3） $P(ABC)=\frac{8}{125}$ ；（4） $P(\bar{A}B)=\frac{6}{25}$ ；

（5） $P(\bar{B}C)=\frac{6}{25}$ ；（6） $P(\bar{A}\bar{B}\bar{C})=\frac{27}{125}$ 。

14.（1） $P(A)=\frac{3}{4}$ ； $P(B|A)=\frac{2}{3}$ 。

15.（1） $P(A)=\frac{1.25}{100}$ ；（2） $P(B_1|A)=\frac{0.3}{1.25}$ ；

（3） $P(B_2|A)=\frac{0.8}{1.25}$ ； $P(B_3|A)=\frac{0.15}{1.25}$ 。

16.（1） $P(数)=\frac{3}{5}$ ；（2） $P(文)=\frac{2}{5}$ 。

17. 同上题。

5.12 习题

1. $F(x)=\begin{cases}0, & x<1\\ \frac{1}{4}, & 1\leqslant x<2\\ \frac{3}{4}, & 2\leqslant x<3\\ 1, & x\geqslant3\end{cases}$

2. （1）$C_5^4 \times 0.99^4 \times 0.01$；（2）$C_5^4 \times 0.99^4 \times 0.01 + 0.99^5$。

3.

X	3	4	5
P	0.1	0.3	0.6

4. $\dfrac{5}{16}$。

5. 略。

6. （1）0.642；（2）0.91；（3）1。

7. （1）$c = 2$；（2）$P = 0.25$。

8. （1）0.0641；（2）0.009。

9. $E(X) = \lambda$。

10. 利用幂级数。

11. $D(X) = \lambda$。

12. $E(X) = 2$，$D(X) = 2$。

13. $E(X) = 3$，$D(X) = 2$。

14. $E(X) = \dfrac{1}{2}(n+1)$。

15. （1）略；（2）$E(X) = \dfrac{1}{p}$；（3）$D(X) = \dfrac{q}{p^2}$。

16. 参阅题13。

17. $P = 0.348$。

18. 略。

附　录

附录A　德·摩尔根律

曾经说过，同一客观事实如用两种方式表述，各自数学化之后，就是一个等式，而得到的可能便是重要的结论。

一人不喜重复自己的话，友人问他："哪天去打球?"他答道："除了星期一和星期二哪天都行。"友人请他再讲一遍，他说："既非星期一又非星期二哪天都可以。"友人精通集合论，闻言大喜，自认为终于发现了德·摩尔根律的直观解释。

德·摩尔根定律包含两个等式

（1）$(A \cup B)' = A' \cap B'$

（2）$(A \cap B)' = A' \cup B'$

先谈第一个等式，将其左边的表达式 $(A \cup B)'$ 中的"$A \cup B$"同讲话中的"星期一和星期二"比照，"（　）$'$"同"除了……哪天都行"比照。若取集合 A、B 表示星期一、星期二，则显然存在下列对应关系

$A \cup B \leftrightarrow$ 星期一和星期二；$\cup \leftrightarrow$ 和

（　）$' \rightarrow$ 除了…哪天都行

再拿等式的右边比照，同样存在下列对应关系

$A' \leftrightarrow$ 除了（非）星期一，$\cap \leftrightarrow$ 又

$B' \leftrightarrow$ 除了（非）星期二

不难分辨，两种说法"除了星期一和星期二哪天都行"与"既非星期一又非星期二哪天都可以"其实际意义是没有区别的。

为加深印象，下面再用文氏图（附图1）予以印证。图（a）上阴影部分 $(A \cup B)'$ 表示的是"星期一和星期二的补集"，即星期三到星期天；图（b）上阴影部分 A' 表示的是"星期一的补集"，即星期二到星期天；图（c）上 B' 表示的是"星期二的补集"，即星期一、星期三到星期天；图（d）上 $A' \cap B'$ 表示的是"A 的补集与 B 的补集的交集"或"既非 A 又非 B 的集合"，即星期三到星期

天。由此可见

$$(A\cup B)' = A'\cap B'$$

读者如有兴趣，不妨将"除了夏天和单号的日子哪天都行"和"既非夏天又非单号的日子哪天都行"数学化，验证德·摩尔根律的两个等式。

德·摩尔根律包含两个等式引发出两个值得关注的问题。

① 此定律对集合 A 和 B 无任何限制，因此将 A 或 B 换成各自的补集 A' 或 B'，代入等式中，等式照样成立，即

$$(A'\cup B')' = A\cap B$$
$$(A'\cap B')' = A\cup B$$

另外，A 和 B 不同时都换，换其中任一个也行。读者如有时间，可以验证。

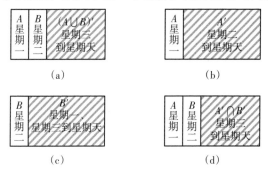

附图 1

② 对偶原理。在集合论的等式中，将整个符号 $\cup$ 与 $\cap$ 互换、$\subset$ 与 $\supset$ 互换、$\varnothing$ 与 I 互换得到的等式依然成立。

例如，将德·摩尔根律的第一等式中的 $\cup$ 与 $\cap$ 互换，则得第二等式，反之亦然；又如将等式

$$A\cup(A\cap B) = A$$

中的 $\cup$ 与 $\cap$ 互换，则得

$$A\cap(A\cup B) = A$$

对偶原理也适用于其他领域，比如：

周长固定，圆的面积最大

面积固定，圆的周长最短

两者是互为对偶的，在一般初等数学中，常用正方形代替圆，因那时有个条件：必须是矩形。

善用德·摩尔根律，同文氏图结合，利于解题。活用对偶性，同实际结合，易于创新。

附录B 从傅氏级数到傅氏变换

已知周期函数 $f(t)$ 能够展成傅氏级数

$$f(t) = \sum_{n=0}^{\infty}(a_n \cos n\omega t + b_n \sin n\omega t)$$

借助欧拉公式又可将上式化为复数形式

$$f(t) = \sum_{n=-\infty}^{\infty} c_n \mathrm{e}^{in\omega t} \quad (n = 0, 1, 2, \cdots) \tag{B-1}$$

$$c_n = \frac{1}{T}\int_{-\frac{T}{2}}^{\frac{T}{2}} f(t)\mathrm{e}^{-in\omega t}\mathrm{d}t \quad (n = 0, \pm 1, \pm 2, \cdots) \tag{B-2}$$

式（B-2）中，T 代表函数 $f(t)$ 的周期，ω 为角频率，两者的积

$$T\omega = 2\pi, \quad \frac{1}{T} = \frac{\omega}{2\pi} \tag{B-3}$$

由此可把傅氏复系数 c_n 改写为

$$c_n = \frac{\omega}{2\pi}\int_{-\frac{T}{2}}^{\frac{T}{2}} f(t)\mathrm{e}^{-in\omega t}\mathrm{d}t \tag{B-4}$$

式（B-4）对 t 的积分，显然是 $n\omega$ 的函数，简记为 $F(n\omega)$，从而有

$$c_n = \frac{\omega}{2\pi}F(n\omega) \tag{B-5}$$

现将其代回函数 $f(t)$ 的复数式（B-1），得

$$f(t) = \frac{1}{2\pi}\sum_{n=-\infty}^{\infty} F(n\omega)\mathrm{e}^{in\omega t}\cdot\omega \tag{B-6}$$

这很眼熟，何其相似于下式

$$\sum_{n=1}^{\infty} g(n\Delta x)\Delta x, \quad a \leqslant x < b \tag{B-7}$$

读者可能已经看穿，式（B-7）是在定积分的和式

$$\sum_{n=1}^{\infty} g(\xi_n)\Delta x_n$$

中，令 $\Delta x_n = \Delta x$，$\xi_n = n\Delta x$ 而得出的结果。

前面说过，和式（B-6）同（B-7）相似，为了看个明白，将其各自绘图，如附图2（a）（b）所示，从此可见，两者的几何意义同是：曲线下方所有小矩形面积之和。众所周知，和式（B-7）当 $\Delta x \to 0$ 时，其极限为定积分

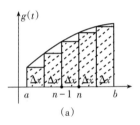 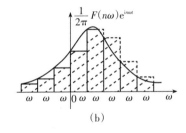

（a）　　　　　　　　　　　　　　（b）

附图2

$$I = \int_a^b g(t)\mathrm{d}t$$

同理，当函数 $f(t)$ 的周期 $T \to \infty$，$\omega \to 0$ 时，应有

$$f(t) = \frac{1}{2\pi}\int_{-\infty}^{\infty} F(\omega)\mathrm{e}^{i\omega t}\mathrm{d}\omega \tag{B-8}$$

式中〔见式（B-4）和（B-5）〕

$$F(\omega) = \int_{-\infty}^{\infty} f(t)\mathrm{e}^{-i\omega t}\mathrm{d}t \tag{B-9}$$

式（B-8）和式（B-9）合称傅里叶积分公式，而后者则称为函数 $f(t)$ 的傅里叶变换，或简称傅氏变换。

必须说明：以上的推理每一步都是正确的，但全是形式上的，因为每一步需要什么条件、为什么正确缺乏严格的证明；直白地讲，其真正意义上的论证已远超本书的范畴。

附录C 活用"等可能性"

初学者在计算某些事件发生的概率，特别涉及贝叶斯公式或全概率公式时，异常困惑。作者有感于此，现将当时解困的一种想法"等可能性"或"等概率性"示众，分述如下，供读者参考。

（1）贝叶斯公式或全概率公式

什么是"等可能性"？为便于理解，举例说明如下。

例1 一建筑公司所用的钢条分别来自A，B，C三家钢厂，其供应记录如下：

钢厂	次品率	提供份额
A	0.02	0.15
B	0.01	0.80
C	0.03	0.05

钢条运到公司后是混合存放的，现从中任选一件，试求：

① 是次品的概率 $P(D)$；

② 若是次品，其来自各厂的概率。

解 ① 为形象起见并不失一般性，设公司的总进货量共1000件钢条，然后再分步解题：

- 据此算出，A，B，C三家各自的供应量为150，800，50件；
- 按供应记录可知，A、B和C三厂的次品件数分别等于

$$150 \times 0.02 = 3, \quad 800 \times 0.01 = 8, \quad 50 \times 0.03 = 1.5$$

可见，次品总数为 $3 + 8 + 1.5 = 12.5$。

- 根据等可能性，1000件钢条中存在12.5件次品，自然有

$$P(D) = \frac{12.5}{1000} = 0.0125$$

② 利用解①中第二项的结果，根据等可能性，显然有

$$P(D|A) = \frac{3}{12.5} = 0.24, \quad P(D|B) = \frac{8}{12.5} = 0.64, \quad P(D|C) = \frac{1.5}{12.5} = 0.12$$

例2 某工厂有四个车间A，B，C，D，各自生产的元件分别占总产量的12%，25%，25%，38%，次品率分别为0.06，0.05，0.04，0.03。工厂每生产一件次品，损失为10000元。试问，此时各车间应承担多少损失。

解 仿例2，设工厂生产的元件总数为1000件，则

- 四个车间 A，B，C，D 各自生产的次品数为

$$A：120 \times 0.06 = 7.2，\quad B：250 \times 0.05 = 12.5$$
$$C：250 \times 0.04 = 10，\quad D：380 \times 0.03 = 11.4$$

可见次品总数为 $7.2 + 12.5 + 10 + 11.4 = 41.1$。

- 简记次品为 E，则工厂的次品率

$$P(E) = \frac{41.1}{1000}$$

而各车间的次品率分别为

$$P(E|A) = \frac{7.2}{41.1} \approx 0.1752，\quad P(E|B) \approx \frac{12.5}{41.1} = 0.3041$$
$$P(E|C) \approx \frac{10}{41.1} = 0.2433，\quad P(E|D) \approx \frac{11.4}{41.1} = 0.2774$$

- 根据上列结果，各车间应承担的损失分别是：

$$A：1752 元；\quad B：3041 元；\quad C：2433 元；\quad D：2774 元$$

为进行比较，读者可以用传统方法——贝叶斯公式或全概率公式，重解上述两例，以便加深对"等可能性"的认知。

（2）古典概率

等可能性可谓古典概率的奠基石。抛掷硬币，正面向上或反面向上的概率都是 $\frac{1}{2}$，这就是等可能性。如能用得其所，既省心又省力，何乐而不为？

例 3 甲乙二人掷骰消遣，以掷出红 4 为胜。甲连掷两次，乙用两颗骰子掷了一次。试问谁的胜算更大？希讲清道理。

解 甲第一次掷出红 4 点的概率为 $\frac{1}{6}$，第二次也是 $\frac{1}{6}$，两次加起来，掷出红 4 点的概率为 $\frac{1}{3}$。

乙掷两颗骰子一次，完全等同于一颗连掷两次。可以这样想，两颗骰子一先一后落下，不正好同一颗连掷两次吗？

答案是：两人胜负对半分。写到此处，忽然脑洞一开，惊现"不对，也对"四个大字。请休息片刻，回头一起来揭开谜底。

试设想：抛掷两次硬币，头一次正面朝上的概率为 $\frac{1}{2}$，第二次也是 $\frac{1}{2}$，加起来概率等于 1，表示必然至少有一次是正面朝上！这对吗？显然不对。

错在何处？两个事件的概率相加，必须两事件互不相容。连掷两次骰子，每次都可能出现红 4 点，因此两者是相容的，概率不能相加！此例的正确解法甚多，现列举其二。

解1　第一次掷出红4点的概率为 $\frac{1}{6}$，掷不出的为 $\frac{5}{6}$。因此，连掷两次至少有一次出现红4点的概率

$$P = \frac{1}{6} + \frac{5}{6} \times \frac{1}{6} = \frac{11}{36}$$

或者

$$P = \frac{5}{6} \times \frac{1}{6} + \frac{1}{6} = \frac{11}{36}$$

解2　连掷两次骰子。相应的样品空间 Ω 共含36个样本点，其中计有下列11个样本点

$$(1, 4),\ (4, 1),\ (2, 4),\ (4, 2),\ (3, 4),\ (4, 3)$$
$$(4, 4),\ (5, 4),\ (4, 5),\ (6, 4),\ (4, 6)$$

符合要求，因此

$$P = \frac{11}{36}$$

在样本点较多时，宜用排列组合法计算，更为简便。此外，建议读者用多项式展开法重解此例，相互印证，以资比较。

例4　袋中有4个小球，只有一个是红色的，从中连续拿出2个，试求拿到红球的概率。

解1　第一次拿到红球的概率为 $\frac{1}{4}$，否则第二次再拿，拿到红球的概率为 $\frac{3}{4} \times \frac{1}{3} = \frac{1}{4}$。将两次相加，得拿到红球的概率为

$$P = \frac{1}{4} + \frac{1}{4} = \frac{1}{2}$$

解2　设想将4个球分成两组，每组2个球，其中必有一组存在红球。连拿2个球等同于一次拿一组球，根据等可能性，可知拿到存在红球一组的概率为

$$P = \frac{1}{2}$$

其实，这种想法可以更一般化。既然每次拿到红球的概率是 $\frac{1}{4}$，且互不相容，连拿两次，拿到红球的概率自然是

$$P = \frac{1}{4} + \frac{1}{4} = \frac{1}{2}$$

又如，袋中有9个球，其中只有一个红球，连拿4次，拿到红球的概率为

$$P = \frac{1}{9} + \frac{1}{9} + \frac{1}{9} + \frac{1}{9} = \frac{4}{9}$$

一般地说，若袋中有 n 个球，只有一个红球，连拿 m 次，则拿到红球的概率为

$$P = \frac{m}{n}, \ m \leqslant n$$

需要注意，如袋中红球多于1个，则可能出现相容的情况，这时宜将排列组合请来，与等可能性联袂登场，能解一时之急。

例5　袋中有6个小球，只有2个红球。一连拿了2个，求至少拿到1个红球的概率。

解　从6个球中任取2个的组合数为 C_6^2。其中，除了2个红球，还剩4个，显然不含红球的组合数为 C_4^2。不言而喻，所求的概率

$$P = \frac{C_6^2 - C_4^2}{C_6^2} = 1 - \frac{6}{15} = \frac{3}{5}$$

例6　袋中有9个球，只有3个红的，一连拿了4个，试问至少其中有1个红球的概率。

解　依例5，同理可知所求的概率

$$P = 1 - \frac{C_6^4}{C_9^4} = 1 - \frac{6 \times 5 \times 4 \times 3}{9 \times 8 \times 7 \times 6} = 1 - \frac{5}{42} = \frac{37}{42}$$

善用"等可能性"，有时一些貌似困难的问题会迎刃而解。请看下例。

例7　有两把完全相同的钥匙，只有一把能打开门锁。用钥匙去开门，试开一次不成就拿走。现将试开次数当作随机变量 X，求 X 的数学期望。

解　显然可知，最少试开一次，最多两次，需要想清楚的是，每次试开，能否成功，都是等可能的，因此，随机变量试开次数 X 的数学期望

$$E(X) = \frac{1 + 2}{2} = \frac{3}{2}$$

十分清楚，上述推理可以一般化，在有 n 把相同钥匙的情况下，有

$$E(X) = \frac{1 + n}{2}$$

附录D 脉冲与卷积

这道菜在第3章已经品过，总觉余味犹存，还想再浅尝一次。

① 任何函数一般地说全可以认为，是由脉冲函数 $\delta(t)$ 构成的，以正弦函数 $f(t) = \sin t$ 为例，如附图3所示，就是由 $t = n\Delta t$，$\Delta t \to 0$（$n = 0$，1，2，$\cdots$）处的脉冲构成的，其他函数与此相类。

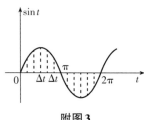

附图3

② 任何线性系统，或者讲任何线性方程，当知其外加脉冲函数 $\delta(t)$ 的解时，则外加一般常用函数时的解，都可据此应用叠加原理用积分表示出来。习惯称脉冲函数的解为格林函数，这种解题法为格林函数法。

③ 用格林函数法求解线性方程，出现个"时差"问题，自然就会用到卷积积分

$$f(t)*g(t) = \int_{-\infty}^{\infty} f(\tau)g(t-\tau)\mathrm{d}\tau$$

为说明上式的实际含义，在第3章杜撰了一个例子，将馒头一口一口地吃在肚里，已知馒头在肚里的消化函数，比如说 e^{-t}，再假设馒头是按正弦函数 $f(\tau) = \sin\tau$ 从0到π这段时间吃完了。试计算30分钟时肚里还剩多少馒头。

一想就会明白，在 $\tau = 0$ 时吃下的馒头量 $\sin 0$ 在30分钟后在肚内还剩下 $\sin 0 \cdot \mathrm{e}^{-30}$，在 $\tau = 1$ 时吃下的馒头量 $\sin 1$ 因过了1分钟，易知30分钟后在肚内还剩下 $\sin 1 \cdot \mathrm{e}^{-(30-1)}$。一般地说，在时间 τ 吃下的馒头量 $\sin\tau$ 在肚内还剩下 $\sin\tau \cdot \mathrm{e}^{-(30-\tau)}$。归纳起来，不难知道，30分钟后肚内剩下的馒头量为卷积

$$\sin t * \mathrm{e}^{-t} = \int_0^{\pi} \sin\tau \cdot \mathrm{e}^{-(30-\tau)}\mathrm{d}\tau$$

此积分如何计算，请看完下例后，再行定夺。

例8 有电路，如附图4所示，试求：在 $t = 0$ 时加上电压 $E\sin\omega t$ 后，电路内的电流 $i(t)$。

解 用格林函数法，分三步求解。

① 求电路的格林函数，据电工原理，得方程

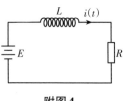

附图4

$$L\frac{\mathrm{d}i}{\mathrm{d}t} + Ri = \delta(t)$$

对上式两边取拉氏变换，有

$$\bar{i}(s) = \frac{1}{Ls + R}$$

不失一般性，设 $L = 1$，$R = 1$，由此知电路的格林函数

$$\bar{i}(t) = \mathrm{e}^{-t}$$

② 根据叠加原理，流过电路的电流 $i(t)$ 可表示为卷积

$$i(t) = E\sin\omega t * i(t) = E\int_0^t \sin\omega\tau\mathrm{e}^{-(t-\tau)}\mathrm{d}\tau$$

③ 查积分表，得解

$$i(t) = \frac{E}{\omega^2 + 1}(\sin\omega t - \omega\cos\omega t) + \frac{\omega E}{\omega^2 + 1}\mathrm{e}^{-t}$$

上式第一项为稳态电流，第二项随时间衰减为零，称为过渡电流。

附录 E 一个积分

在例 5.29 遇到一个积分

$$I = \int_{-\infty}^{\infty} e^{-x^2} dx$$

可设法将其化为极坐标进行积分，方法如下：先求

$$I^2 = \int_{-\infty}^{\infty} e^{-x^2} dx \cdot \int_{-\infty}^{\infty} e^{-y^2} dy$$

$$= \iint_{\Omega} e^{-(x^2+y^2)} dx dy \, (\Omega \text{为全平面})$$

$$= \iint_{\Omega} e^{-r^2} r dr d\theta = 2\pi \left[-\frac{1}{2} e^{-r^2} \right]_0^{\infty}$$

$$= \pi$$

据此，有

$$\int_{-\infty}^{\infty} e^{-\frac{Z^2}{2}} dZ = \sqrt{2\pi}$$